荣获中国石油和化学工业优秀出版物奖 教材奖一等奖

普通高等教育"十二五"规划教材

环境保护概论

袁霄梅　张　俊　张　华　赵营刚　编著
王冰莹　石冬梅　李　光

化学工业出版社

·北京·

本书较全面地介绍了环境生态学的基本知识，系统论述了各环境要素在人类活动影响下产生的主要污染问题，污染物对人体健康的危害，大气、水、土壤、固体废物及噪声和其他物理性污染的过程、现状及控制措施，环境监测与评价，环境标准，环境法规及环境管理和可持续发展的相关知识。本书以实用和适度为原则，力求体现科普性、趣味性、系统性、可参考性和知识性，并列举部分案例以加深读者对环保的认识与理解。

本书是专为高等院校非环境专业的本科生编写的，也可作为环境专业学生的专业入门教材，对环保技术和环保管理人员也具有重要的参考价值。

图书在版编目（CIP）数据

环境保护概论/袁霄梅，张俊，张华等编著. —北京：化学工业出版社，2014.1（2019.8 重印）
荣获中国石油和化学工业优秀出版物奖 教材奖一等奖
普通高等教育"十二五"规划教材
ISBN 978-7-122-19431-2

Ⅰ.①环⋯　Ⅱ.①袁⋯②张⋯③张⋯　Ⅲ.①环境保护-高等学校-教育　Ⅳ.①X

中国版本图书馆 CIP 数据核字（2013）第 317111 号

责任编辑：满悦芝　　　　　　　装帧设计：尹琳琳
责任校对：顾淑云　王　静

出版发行：化学工业出版社（北京市东城区青年湖南街 13 号　邮政编码 100011）
印　　刷：北京市振南印刷有限责任公司
装　　订：北京国马印刷厂
787mm×1092mm　1/16　印张 10½　字数 251 千字　2019 年 8 月北京第 1 版第 7 次印刷

购书咨询：010-64518888　　　　　　售后服务：010-64518899
网　址：http://www.cip.com.cn
凡购买本书，如有缺损质量问题，本社销售中心负责调换。

定　　价：25.00 元　　　　　　　　　　　　　　　　版权所有　违者必究

前　言

千百年来，由于一些人的不合理生产和消费，滥用自然资源以满足欲望，急功近利地追求发展速度而忽视对环境的长远影响，结果造成了资源短缺、环境退化、自然界的生态平衡被破坏，大气、水、土壤等的污染达到了惊人的程度。因此，环境污染成了人类面临的最大威胁之一，在发展经济的同时保护环境，即走可持续发展之路是人类的最佳选择。而保护环境不是哪一个人、哪一代人所能完成的，它需要世世代代所有人的共同努力。"环境保护，教育为本"，因此在高校开展环境保护课程，提高大学生环保意识，普及环保知识是环境保护的一项重要内容。本书是专为高等院校非环境专业的本科生编写的教材，也可以作为环境专业学生的专业入门教材。

本书以环境生态学基本知识为依据，系统论述了各环境要素在人类活动影响下产生的主要污染问题、污染物对人体健康的危害以及防治措施，涵盖了环境、环境问题的相关知识及环境生态学的基本知识，大气、水、土壤、固体废物及噪声和其他物理性污染的过程、现状及控制措施，环境监测与评价，环境标准、环境法规及环境管理和可持续发展的相关知识。书中介绍了最新的环境污染现状及环境保护发展前沿，并附有大量的阅读材料。本书本着面向高等院校非环境专业开设的"概论性"环保课程的精神，以实用和适度为原则，力求体现科普性、趣味性、系统性、可参考性和知识性，并列举部分实际案例来加深读者对环保的认识与理解。

本书由洛阳理工学院教师和洛阳市安全生产监督管理局相关人员组织编写，各章节编写分工如下：第一章、第三章（第一节、第四节、第五节）、第九章（第一节），袁霄梅；第四章、第五章、第六章（第一节、第二节）、第八章，张俊；第七章、第九章（第二节、第三节）、第十章，张华；第二章（第一节、第二节），赵营刚；第三章（第二节、第三节），王冰莹；第六章（第三节），李光；第二章（第三节），石冬梅。袁霄梅负责全书的修改和统稿。

本书在编写过程中参考了大量相关资料，在此对这些资料的作者表示感谢。

由于时间紧迫和编者水平有限，书中不当之处在所难免，敬请读者批评指正。

编者

2014 年 1 月于洛阳理工学院

目　　录

第一章 总 论

【内容提要】 本章主要介绍了环境的概念、分类及组成，重点介绍了环境的组成；阐述了环境的功能及环境承载力；介绍了当代所面临的主要环境问题，对产生环境问题的根源进行了分析，并给出了解决环境问题途径的建议；介绍了环境与人类的关系，以及环境化学物质在人体中的迁移转化过程和环境污染对人体健康的危害。

【重点要求】 了解环境、环境问题及相关的环境基础知识；掌握环境的概念和分类，城市化对环境的影响，环境问题的概念，当前所面临的环境问题，产生环境问题的根源及解决环境问题的途径；理解人与环境的关系及环境污染对人体健康的危害。

随着人口的迅猛增加、经济的快速发展和科学技术的突飞猛进，人类改造自然的规模越来越大，向自然索取的资源越来越多，同时向环境中排放的污染物质也与日俱增，从而造成了资源枯竭、环境退化、自然界的生态平衡严重破坏，大气、水、土壤等的污染达到了惊人的程度。为此，环境保护成了全世界各个国家在发展经济的同时所做的重点工作。近几年来，我国更是把环境保护、节能减排列入政府工作考核，且实行"一票否决"制。2013 年国务院研究确定的政府 6 个方面及相关 48 项重点工作中，针对环境保护，指出将在重点区域有针对性地采取措施，加强对大气、水、土壤等突出污染问题的治理，集中力量打攻坚战。

第一节 环境概述

一、环境的概念

所谓"环境"（environment）是个抽象的、相对的概念，是相对于某一中心事物而言的，它是指作用于这一中心事物周围的所有客观事物的总体，因中心事物的不同而不同，随中心事物的变化而变化，如生物的环境、人的环境分别是以生物或人作为中心事物。环境的含义和内容极为丰富。从哲学上来说，环境是一个相对于主体而言的客体，它与主体相互依存，其内容随着主体的不同而不同。对于环境科学而言，中心事物是人类，环境是以人类为主体的外部世界的总体，即人类已经认识到的直接或间接影响人类生存与发展的各种自然因素与社会因素的综合体。从实际工作层面讲，不同国家和地区具体环境的概念有所不同，它反映了一个国家和地区改造和利用环境的水平。

《中华人民共和国环境保护法》则从法学的角度对环境概念进行阐述："本法所称环境是指影响人类生存和发展的各种天然的和经过人工改造的自然因素的总体，包括大气、水、海洋、土地、矿藏、森林、草原、野生生物、自然遗迹、人文遗迹、风景名胜区、自然保护区、城市和乡村等。"对人类来说，环境就是人类的生存环境。

环境是人类进行生产和生活活动的场所，是人类生存和发展的物质基础。我们要以辩证的观点来认识"环境"。恩格斯在《自然辩证法》中写道："人的生存条件，并不是当他刚从狭义的动物中分化出来的时候就现成具有的；这些条件是由以后的历史发展才造成的。"这就是说，人类的生存环境不是从来就有的，它的形成经历了一个漫长的发展过程。在地球的原始地理环境刚刚形成的时候，地球上没有生物，更没有人类。大约 35 亿年前，在来自地球内部的内能和来自太阳的外能共同作用下，出现了生命现象。大约在 30 多亿年前出现了原核生物，继而绿色植物出现。绿色植物通过光合作用释放出氧气。大约在 2 亿～4 亿年之间，大气中氧的浓度趋近于现在的浓度水平，并在平流层形成了臭氧层。臭氧层吸收太阳的紫外线辐射，成为地球上生物的保护层。在距今 2 亿多年前出现了爬行动物，随后又经历了相当长的时间，哺乳动物的出现及森林、草原的繁茂为古人类的诞生创造了条件。

在距今大约 200 万～300 万年前出现了古人类。人类的诞生使地表环境的发展进入了一个新的阶段，即人类与其生存环境辩证发展的新阶段。人类是物质运动的产物，是地球的地表环境发展到一定阶段的产物，环境是人类生存与发展的物质基础，所以人类与其生存环境是统一的。人与动物有本质的不同，动物只能被动地适应环境，而人类可以利用自己的双手、利用自己的智慧改变和创造环境。但是正如恩格斯在《自然辩证法》中所说的："我们不要过分陶醉于我们对自然界的胜利。对于每一次这样的胜利，自然界都报复了我们。每一次胜利，在第一步确实都取得了我们预期的结果，但是在第二步和第三步却有了完全不同的、出乎意料的影响，常常把第一个结果又抵消了"。因而人类与其生存环境又有对立的一面。人类通过自己的劳动，把自然环境转变为新的生存环境，而新的生存环境又反作用于人类。在这一反复曲折的过程中，人类在改造客观世界的同时，也改造人类自己。因此，我们今天赖以生存的环境，既不是单纯由自然因素构成，也不是单纯由社会因素构成，而是在自然背景的基础上，经过人工改造、加工形成的。它凝聚着自然因素和社会因素的交互作用，体现着人类利用和改造自然的性质和水平，影响着人类的生产和生活，关系到人类的生存和发展。因此，我们要用发展的和辩证的观点来认识环境。

二、环境的分类和组成

（一）环境的分类

环境是一个复杂而庞大的体系，人们可以从不同的角度或以不同的原则，按照人类环境的组成和结构关系将它进行不同的分类。按照环境的功能，可把环境分为生活环境和生态环境；按照环境要素，可把环境分为大气环境、水环境、土壤环境、生物环境、地质环境等；按照环境范围，可把环境分为生活环境、区域环境、城市环境、全球环境和宇宙环境等。

目前，环境科学所研究的环境，是以人类为主体的外部世界，即人类生存、繁衍所必需相适应的环境或物质条件的综合体，即趋向于按环境要素的属性进行分类，一般被区分为自然环境和人工环境两种类型。

1. 自然环境

自然环境（natural environment）就是指人类生存和发展所依赖的各种自然条件的总和。自然环境不等于自然界，只是自然界的一个特殊部分，包括大气、水、土壤、生物和各种矿物资源等。自然环境是人类赖以生存和发展的物质基础。在自然地理学上，通常把这些构成自然环境总体的因素，划分为大气圈、水圈、生物圈、土壤圈和岩石圈五个自然圈。

2. 社会环境

社会环境（social environment）是指人类在自然环境的基础上，为不断提高物质和精神文化生活水平，通过长期有计划、有目的的发展，逐步创造和建立起来的高度人工化的生存环境，即由于人类活动而形成的各种事物。它包括由人工形成的物质、能量和精神产品，以及人类活动中所形成的人间关系，如城市、农村、工矿区、疗养地、人工的引种、培育和驯化、人工森林、人工草地、娱乐场所等。

自然环境和社会环境是人类生存、繁衍和发展的摇篮。根据科学发展的要求，保护和改善环境，建设环境友好型社会，是人类维护自身生存与发展的需要。

（二）环境的组成

环境是由若干规模和性质不同的子系统组成的，这些子系统包括：聚落环境、地理环境、地质环境和宇宙环境。

1. 聚落环境

聚落是指人类聚居的中心，活动的场所。聚落环境是人类有目的、有计划地利用和改造自然环境而创造出来的生存环境，是与人类的生产和生活关系最密切、最直接的工作和生活环境。聚落环境中的人工环境因素占主导地位，也是社会环境的一种类型。人类的聚落环境，从自然界中的穴居和散居，直到形成密集栖息地乡村和城市。显然，随着逐步变迁和发展，聚落环境为人类提供了安全清洁和舒适方便的生存环境。但是，聚落环境乃至周围的生态环境，由于人口的过度集中、人类缺乏节制的频繁活动，以及对自然界的资源和能源超负荷索取同时受到巨大的压力，造成局部、区域以至全球性的环境污染。因此，聚落环境历来都引起人们的重视和关注，也是环境科学的重要和优先研究领域。

聚落环境根据其性质、功能和规模，可分为院落环境、村落环境、城市环境等。

（1）院落环境 院落环境是由一些功能不同的建筑物和与其联系在一起的场院组成的基本环境单元。一座农家小院就可以理解为最基本的院落环境，如中国西南地区的竹楼、内蒙古草原的蒙古包、陕北的窑洞、北京的四合院、机关大院以及大专院校等。由于经济文化发展的不平衡性，不同院落环境及其各功能单元的现代化程度相差甚远，并具有鲜明的时代和地区特征。它可以简单到一座孤立的房屋，也可以复杂到一座大庄园，可以是简陋的茅舍，也可以是具有防震、防噪声和自动化空调设备的现代化住宅。院落环境是人类在发展过程中适应自己生产和生活的需要，因地制宜地创造出来的。

院落环境污染近年来已提到日程上来，其主要污染源来自生活"三废"。院落环境污染量大面广，已构成了难以解决的环境问题，如千家万户的油烟排放，每年秋季的秸秆焚烧，导致附近大气污染。当前提倡院落环境园林化，在室内、室外、窗前、房后种植瓜果、蔬菜和花草，美化环境，净化环境，更是大力推广无土栽培技术，不仅创造一个色、香、味俱美，清洁新鲜，令人心旷神怡的居住环境，而且其产品除供人畜食用外，所收获的有机质及生活废弃物又可用作生产沼气、提供清洁能源的原料，其废渣、废液又可用作肥料，以促进我们收获更多的有机质。这样就把院落环境建造成了一个结构合理，功能良好，物尽其用的人工生态系统。

（2）村落环境 村落环境则是农业人口聚居的地方，由于自然条件的不同，以及从事农、林、牧、渔业的种类、规模大小、现代化程度不同，因而村落环境无论从结构上、形态上、规模上，还是从功能上看，其类型都极多。最普遍的如平原上的农村，海滨湖畔的渔村，深山老林的山村等。

当前村落环境的污染主要来自于：①生产方式的变迁（潜在因素）。城市化的浪潮席卷农村之后，为村民提供了更广阔的就业空间和多样的谋生手段，大部分年轻的村民都去城区打工，村中只剩下留守儿童和老人。田地开始荒芜，且相当部分村民在原来的田地上建造了房屋，水土得不到很好保持。自来水的推广和普及，使得河水以饮用为主的功能被替代，因此，即使河水遭到污染也不会有污水可喝，水体"饮用"功能不断退化。村民维护水和土地的意识不断减弱，面对经济效益的诱惑，个别村民以牺牲环境来维持生计。②污染企业的进驻（主要因素）。农村对污染企业具有诸多"诱惑"，一是农村资源丰富，一些企业的原料可以就地取材，成本低廉；二是使用农村劳动力成本很低，像"小钢铁"、"小造纸"这样一些污染企业，落户农村后，一般都以附近村民为主要用工对象；三是农村地广人稀，排污隐蔽。因此，近年来相当部分污染企业开始进驻农村，村落环境成了污染企业的转移地。③拆迁过渡期（破窗效应）。随着城市化进程的加快，城市开始向农村扩张，使部分村落进入了拆迁过渡期。由于各种因素的影响，拆迁并不是成片拆的，有的地方拆了，有的地方还没有拆，而且拆迁期通常很长。这种在结构上处于拆迁过渡期的境况产生了一种类似"破窗效应"的现象。一方面，村民和加工厂商趁拆迁前赚取利润；另一方面，多点污染也没有那么难以接受了。"破窗效应"表明，环境对人产生强烈的暗示性和诱导性，一扇窗户被打破，如果没有修复，将会导致更多的窗户被打破。村民等着拆迁和补偿，企业主等着拆迁户再换个地方，环境修复的问题留给了政府和开发商。④农业污染及生活污染。特别是农药、化肥的使用和污染日益增加，影响农副产品的质量，威胁人民的身体健康，甚至危及人们的生命。

（3）城市环境　城市是人类聚居的场所，活动的中心。城市环境是人类利用和改造自然环境过程中创造出来的高度人工化的生存环境。它是一个典型的受自然-经济-社会因素共同作用的地域综合体。

城市环境是典型的人工环境，其组成可分为自然环境和社会环境。城市自然环境是城市环境的基础，包括城市居民生产和生活离不开的大气、水、土壤和动、植物以及各种矿物资源和能源，是围绕城市居民周围的各种自然现象的总和。另一部分是人为环境，即人类社会为了不断提高自己的物质文明和精神文明而创造的环境，如人口密度、园林绿化、房屋建筑、交通港口、文化教育等。

如今，世界上有约80%的人口都居住在城市。城市化使城市出现居住、活动密集，生产、生活资料集中供应，垃圾集中清运，路面硬化为主，动植物种类和数量减少等一系列显著特点，城市里除了密密麻麻的高楼大厦、车水马龙、熙熙攘攘的人群，几乎看不到其他的生命，被称之为"城市荒漠"。可见，城市化使环境遭到了严重的污染和破坏，主要表现在以下几个方面。

① 城市大气环境污染　首先，城市化改变了下垫面的组成和性质。城市用砖瓦、水泥、玻璃和金属等人工表面代替了土壤、草地和森林等自然地面，改变了反射和辐射的性质及近地面层的热交换和地面粗糙度，从而影响了大气的物理性质。

其次，城市化向空气中排放各种气体和颗粒污染物，改变了城市大气的组成。城市大气污染主要来源是煤炭的燃烧，燃煤排放的污染物占城市全部大气污染的85%。其中烟尘占城市大气污染物总排放量的80%左右，SO_2 占城市排放总量的90%左右。汽车尾气是造成大气污染的另一重要原因，在大城市大气污染正在从燃煤型污染向交通型污染转变。目前机动车保有量迅速增长，而且这种高增长率还有增加的趋势。因此引起城市空气质量相应不断恶化。同时，由于我国汽车单车排放污染程度同美国、日本相比约高几倍甚至几十倍，又由于汽车维修保养不善，增加了污染的严重程度，加之城市交通道路拥堵和市内居民集中，更加剧了大气污染。

城市燃煤和汽车尾气释放出大量的烟尘、SO_2、CO、NO_x、光化学烟雾等，使大气环境质量不断恶化。

再者，城市化改变了大气的热量状况。由于人口和工业比较集中，城市化消耗大量能源，释放出大量热能，使城市气温高于四周，形成所谓的"城市热岛"（见图1-1）。

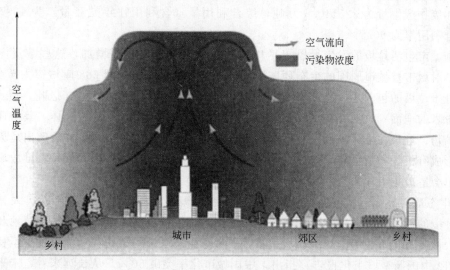

图 1-1　城市边界层污染及热岛环流特征

热岛形成过程是：城市市区被污染的暖气流上升，并从高空向四周扩散；城市郊区较新鲜的冷空气则从底层吹向市区，构成局部环流。这样一方面加强了市区和郊区的气体交换，但也在一定程度上使污染物局限于局部环境之中而不易向更大范围扩散，常常在城市上空形成一个污染物幕罩。

② 城市水环境污染　城市化对水量的影响表现在：城市化增加了不透水地面和排水工程，减少了渗透，增加了流水，地下水得不到足够的补给，破坏了水循环。城市化增加了耗水量，导致水资源枯竭，供水紧张。地下水开采过度，造成地下水面下降和地面下沉。城市化对水质的影响表现在：生活、工业、交通、运输及其他行业对水环境的污染。

有些城市地表水表现出"有水皆污"的状况，而根据中华人民共和国环境保护部发布的《2011年中国环境状况公报》显示，2011年，全国共200个城市开展了地下水水质监测，共计4727个监测点。优良-良好-较好水质的监测点比例为45.0%，较差-极差水质的监测点比例为55.0%。

③ 城市噪声污染　城市噪声问题在发达国家很突出，尤其是城市交通噪声污染严重。在美国，大约每10个人中就有1个人受到持续的高强度噪声的危害。在日本，每3个人中就有1个人为公路噪声所困扰。意大利首都罗马是世界噪声污染最严重的城市之一，调查表明，在车流高峰时刻，罗马最为拥挤的街道和广场上的噪声强度竟达79 dB（A），有的地方甚至超过了极限，达91 dB（A）。

噪声污染是我国的四大公害之一。尤其是近些年随着城市规模的发展，交通运输、汽车制造业迅速发展，城市噪声污染程度迅速上升，已成为我国环境污染的重要组成部分。据不完全统计，我国城市交通噪声的等效声级超过70 dB（A）的路段达70%，有60%的城市面积噪声超过55 dB（A）。

④ 城市固体废物污染　城市固体废物主要是工业固体废物（包括危险废物）和城市垃圾。随着城市化进程急剧加快，固体废物产量日益增多，种类日益复杂。在固体废物处置和处理过程中，不仅要占用大批土地甚至占用良田，而且会污染空气、土壤、水体，造成传染病的传播。这不仅造成了严重的环境污染，而且直接影响到社会稳定和经济发展。

中华人民共和国环境保护部发布的《2011 年中国环境状况公报》显示，2011 年，全国工业固体废物产生量为 325140.6 万吨，综合利用量（含利用往年贮存量）为 199757.4 万吨，综合利用率为 60.5%。

我国城市生活垃圾的发生量以年平均增长 8.98% 的速度迅猛增加，这些数量庞大的生活垃圾已对城市及城市周围的生态环境构成日趋严重的威胁：全国 668 座城市中至少有 200 个以上处于垃圾的包围之中；在城市周围历年堆存的生活垃圾量已达 60 亿吨，侵占了约 5 亿多平方米的地面；垃圾直接堆放和简易填埋场向大气释放大量的有害气体，其中还含有致癌、致畸物；垃圾在堆放腐败过程中产生大量酸性和碱性有机污染物，并溶解出垃圾中的重金属，形成有机物、重金属和病原微生物三位一体的污染源；此外，如果垃圾堆放场发生爆炸事故也会造成重大损失。

⑤ 生态环境破坏　城市化导致非农业人口大量聚集，城市建设规模不断扩大。所引起的生态环境的破坏主要是植被破坏，绿地不断减少，生物多样性锐减，森林、草地和土壤等自然地表被砖瓦、水泥等人工地表所代替，使城市生态系统的结构和功能也发生不良改变。

《2012 中国新型城市化报告》指出，中国城市化率突破 50%。从长远来看，未来 50 年，中国城市化率将提高到 76% 以上。可见，城市化是必然趋势，但城市化的弊端不可轻视。为了防止城市化带来的不良影响，应采取以下措施：调整产业结构，充分利用区域现有资源，发展适合自己的产业；避免盲目上项目、重复投资的现象，并制定切合实际的发展速度和规模目标；控制人口数量，提高人口素质；控制超大城市，有计划地发展中小城市；疏散企业和机构；提高环境保护税等。

2. 地理环境

地理环境（geographical environment）位于地球表层，处于岩石圈、水圈、大气圈、土壤圈和生物圈相互制约、相互渗透、相互转化的交锋地带。它下起岩石圈的表层，上至大气圈下部的对流层顶，厚 10～30 km，包括了全部的土壤圈。概括地说，地理环境是由岩石、地貌、土壤、水、气候、生物等自然要素构成的自然综合体，即同人类社会直接有关的地球自然环境部分。

地理环境是人类社会赖以生存和发展的必要的物质条件，是人们活动的场所，它为社会生活提供必要的物质和能量资源。地理环境和人类社会是相互作用的，人类依赖于地理环境，同时又能动地改造它。随着社会生产力的提高以及人类征服自然的广度和深度的扩大，地理环境的面貌也在不断地发生改变。地理环境条件的优劣能够加速或延缓社会的发展。因此，要保护好地理环境，因地制宜地进行国土规划、区域资源合理配置、结构与功能优化等。

3. 地质环境

地质环境（geological environment）在《地质大辞典》中的释义是由岩石圈、水圈和大气圈组成的体系。即可理解为地质环境是以人类为中心，由自然环境中与地质相关的部分组成，是自然环境的一部分。目前，关于地质环境的内涵，不同的学者理解的侧重点有所差异，但很大程度上是一致的。

① 地质环境以岩石圈表层部分为主体。其上限是地壳表面或岩石圈表面，其下限到达的深度目前说法不一。有的学者从人类活动对地质环境影响的角度出发，认为其下限深度决定于人类社会的科学技术发展水平和生产活动能力，目前的深钻最深可达 12km；有的学者则从地质环境对人类影响的角度出发，认为其下限达到与区域地壳稳定性有关的地壳深部。

② 地质环境与人类社会的生存和发展密切相关，承担着资源基础、环境基础、工程基础三重功能。首先，地质环境为人类生存和活动提供了基本场所，在一定程度上决定着人类生活、生产的空间分布和发展规模。其次，地质环境为人类社会提供了土地、矿产、地下水等生活和生产资料，构成了经济社会发展的物质基础。最后，地质环境本身及其所发生的各种地质过程形成了人类经济活动的外部条件，反过来人类各种经济活动又作用于地质环境，从而引发地质环境不断变化。

③ 地质环境是一个与大气圈、水圈、生物圈密切联系的复杂系统。地质环境是与大气圈、水圈、生物圈相互作用最直接、最活跃的岩石圈表层部分。大气、水文和生物过程不断作用于地质环境，特别是在地质环境与大气、水、生物交界的界面作用最为活跃、最为剧烈。同时，地质环境还受到来源于岩石圈深部的内动力地质作用。

如果说地理环境为人类提供了大量的生活资料，即可再生的资源，那么地质环境则为人类提供了大量的生产资料，特别是丰富的矿产资源，即难以再生的资源，它对人类社会发展的影响将与日俱增。但近年来，随着人类对环境的改变程度和范围的日益扩大，各种地质环境问题相继出现，对人类造成的危害也越加严重。"汶川地震"、"玉树泥石流"和"雅安地震"等地质灾害给人类造成的人员伤亡和财产损失令人震惊。因此，我们要加强地质环境的保护。

4. 宇宙环境

宇宙环境，又称为星际环境，是指地球大气圈以外的宇宙空间环境，由广漠的空间、各种天体、弥漫物质以及各类飞行器组成。它是在人类活动进入地球邻近的天体和大气层以外的空间的过程中提出的概念，是人类生存环境的最外层部分。太阳辐射能为地球的人类生存提供能量。太阳的辐射能量变化和对地球的引力作用会影响地球的地理环境，与地球的降水量、潮汐现象、风暴和海啸等自然灾害有明显的相关性。随着科学技术的发展，人类活动越来越多地延伸到大气层以外的空间，人类发射的人造卫星、运载火箭、空间探测工具等飞行器本身失效和遗弃的废物，将给宇宙环境以及相邻的地球环境带来新的环境问题。

三、环境的功能及环境承载力

(一) 环境的功能

环境的功能（environmental function）是指环境各要素（大气、水体、土壤、生物等）构成的环境对人类的社会活动所承担的职能或所起的作用。环境最基本的功能有三个：①空间功能，通常指环境提供了人类和其他生物栖息、生长、繁衍的场所，且这种场所是适合其生存发展要求的；②营养功能，通常指提供人类及其他生物生长繁衍所必需的各类营养物质及各类资源、能源等；③调节功能，通常指对各种生物及相关物质发挥调节功能，如森林具有蓄水、防止水土流失、吸收二氧化碳的调节作用。

(二) 环境承载力

环境承载力（environmental carrying capacity）又称环境承受力或环境忍耐力。它是指在某一时期，某种环境状态下，某一区域环境对人类社会、经济活动的支持能力的限度。即维持人与自然环境之间和谐的前提下，环境所能够承受的人类活动的阈值。

人类赖以生存和发展的环境是一个大系统，它既为人类活动提供空间和载体，又为人类活动提供资源并容纳废弃物。对于人类活动来说，环境系统的价值体现在它能对人类社会生存发展活动的需要提供支持。由于环境系统的组成物质在数量上有一定的比例关系、在空间上具有一定的分布规律，所以它对人类活动的支持能力有一定的限度。当今存在的种种环境问题，大多是人类活动与环境承载力之间出现冲突的表现。当人类社会经济活动对环境的影响超过了环境所能支持的极限，即外界的"刺激"超过了环境系统维护其动态平衡与抗干扰的能力，也就是人类社会行为对环境的作用力超过了环境承载力。因此，人们用环境承载力作为衡量人类社会经济与环境协调程度的标尺。

第二节　环境问题

一、环境问题及其分类

（一）环境问题的概念

所谓环境问题是指由于人类活动作用于周围环境所引起的环境质量变化，以及这种变化对人类的生产、生活和健康造成的影响问题。

产生环境问题的原因，一方面是因为人类索取资源的速度大于资源本身及其替代品的再生速度导致的生态破坏；另一方面是因为人类生产、生活过程中排放废弃物的数量大于环境的自净能力所导致的环境质量的下降。

（二）环境问题的分类

环境问题多种多样，归纳起来有两大类：一类是自然原因引起的，称为第一类环境问题，即由于自然演变和自然灾害引起的原生环境问题，如地震、海啸、洪涝、干旱、风暴、崩塌、滑坡、泥石流等；另一类是人为原因引起的，称为第二类环境问题，即由于人类活动引起的次生环境问题。在讨论环境问题时，人类更重视由于其自身的生存和发展，在利用和改造自然的过程中因破坏生态环境而对人类产生的各种环境负效应。由人为因素造成的环境问题又可分为以下两类。

第一类是因工农业生产和人类生活向环境排放过量污染物质而造成的环境污染，具体地说，环境污染是指有害的物质，主要是工业"三废"（废气、废水、废渣）对大气、水体、土壤和生物的污染。环境污染包括大气污染、水体污染、土壤污染、生物污染等由物质引起的污染和噪声污染、热污染、放射性污染或电磁辐射污染等由物理性因素引起的污染。

第二类是因人类不合理开发利用资源、破坏自然生态，而产生的生态效应，如乱砍滥伐引起的森林植被的破坏、过度放牧引起的草原退化、大面积开垦草原引起的沙漠化和土地沙化、乱采滥捕使珍稀物种灭绝等。其后果往往需要很长时间才能恢复，有的甚至不可逆转。

这两类原因往往同时存在，但在局部地区表现上以某一类为主。

二、当代主要环境问题

（一）温室效应

1. 温室效应的概念

由于近地面大气中水蒸气与温室气体的增加，加大了对地面长波辐射的吸收，从而导致在地面与大气之间形成一个绝热层，使近地面的热量得以保持，造成全球气温升高的现象称为"温室效应"。

2. 温室气体的种类

目前大气中能产生温室效应的气体有大约 30 种，其中 CO_2 对温室效应的贡献大约为 66％、CH_4 为 16％、CFCs（氯氟烃）为 12％，其他气体为 6％，可见 CO_2 是造成温室效应的最主要的气体。

3. 温室气体的影响

从封闭在南极冰盖内的空气中 CO_2 的体积分数的测定结果看，空气中 CO_2 比例持续上升。

据推测，21 世纪中叶温室效应将会造成以下后果。

① 地球温度将以每 10 年增加 0.5℃的速度上升。

② 海平面每 10 年将上升 3cm；有学者认为，海平面若上升 1m，可导致尼罗河三角洲全部淹没，埃及的耕地减少 12％～15％，将淹没孟加拉国土地的 11.5％。

③ 相当一部分物种将灭绝。

④ 气温升高 2℃，即使水量不变，粮食产量也可能下降 3％～17％。

⑤ 病虫的危害增加 10％～13％。

⑥ 气温上升 2～4℃，人口死亡率将明显增加。

（二）臭氧层（O_3）空洞

1. 臭氧层概述

所谓"臭氧层空洞"或臭氧层损耗是指由于人类活动而使臭氧层遭到破坏而变薄。臭氧是空气中的痕量气体组分。据估计，若将自地球表面至 60km 高处的所有臭氧集中在地球表面上，也仅有 3mm 厚，总质量为 $3.0×10^9$ t 左右；空气中臭氧主要集中在平流层中，距地面约 20～30km。

2. 臭氧层的作用

臭氧层在保护环境方面起着十分重要的作用。能够吸收强烈的紫外线，是太阳辐射的一种过滤器，对紫外线的总吸收率约为 70％～90％。所以可以保护地球上的所有生物免受紫外线的伤害。

3. 臭氧层的破坏状况

① 20 世纪 70 年代，美国科学家最先观察到臭氧层受损。

② 1985 年，英国科学家证实南极上空的臭氧层出现"空洞"，即臭氧层被破坏，浓度变稀薄。

③ 1994 年，南极上空的臭氧层破坏面积已达到 $2.4×10^7$ km^2。南极上空的臭氧层是用 2 亿年形成的，可在一个世纪就被破坏了 60％。

4. 臭氧层破坏的后果

① 危害人体健康，使角膜炎、晒斑、皮肤癌、免疫系统等疾病增加，臭氧总量减少 1％，皮肤癌变率上升 4％；扁平细胞癌变率上升 6％；白内障患者数量上升 0.28％～0.6％。

② 破坏生态系统，影响植物光合作用，导致农作物减产。紫外线还能导致某些生物物种突变，实验表明，人工照射 280～320nm 紫外线后使 200 种植物中的 2/3 受损。若空气中臭氧减少 10％，将使许多水生生物畸变率增加 18％，浮游植物光合作用减少 5％。

③ 过量紫外线照射，将使塑料、高分子材料容易老化和分解。耗损臭氧的物质有 CFCs（$CFC_{11} \backslash CFC_{12} \backslash CFC_1$ 等）、N_2O 及 CO_2 等。

（三）酸雨

1. 酸雨概述

酸雨是指 pH 值小于 5.6 的雨、雪或其他方式形成的大气降水（如雾、露、霜、雹等），是一种大气污染现象，是 SO_2、NO_x 在空气或水中转化为 H_2SO_4 与 HNO_3 所致，这两种酸占酸雨中总量的 90％以上。国外酸雨中 $H_2SO_4 : HNO_3 = 2 : 1$，中国酸雨成分以 H_2SO_4 为主。

2. 酸雨污染现状

随着大气污染的日益严重，世界各地均不同程度地出现了酸雨现象，目前酸雨的酸度不断增强，范围日益扩大。例如，在欧洲，据大气化学网近 20 年的连续观测，整个欧洲都在降酸雨，雨水的酸度每年以 10％的速度递增，土壤酸度增加了 3～5 倍；在北美，降落 pH 值为 3～4 的强酸雨已司空见惯，美国西弗吉尼亚州曾出现最严重的酸雨记录 pH 值为 1.5；俄罗斯西部地区酸雨的 pH 值也为 4.6～4.3。酸雨亦席卷亚洲，如日本、印度南部和东南亚等国也在降酸雨。再如，素有"千湖之国"之称的瑞典，全国有 3000 多个湖泊虽然清澈，却因酸度过高，鱼虾绝迹而成为"死亡之湖"；欧洲 15 个国家中有 700 万公顷森林受到酸雨影响；据我国原环保总局 2004 年公布的数字显示：全国 527 个统计城市中，出现酸雨的城市为 298 个，占 56.5％；降水平均 pH＜5.6 的城市 218 个，占 41.4％，主要分布在华中、西南、华东和华南地区。

3. 酸雨的危害

① 引起水生生态系统的变化，导致水生生物群落结构趋于单一化。耐酸的藻类与真菌增多，微生物减少，水中的有机物分解速度降低，水质恶化。若水体 pH＜5.6，鱼类的生长将会受到影响。例如，据报道，由于水质恶化，挪威南部 5000 个湖泊有 1750 个无鱼，900 个生态平衡受到严重影响。

② 导致土壤酸化，使土壤贫瘠。

③ 腐蚀建筑物及名胜古迹。

（四）森林资源减少

1. 森林资源概述

森林资源，是林地及其所生长的森林有机体的总称，以林木资源为主，还包括林中和林下植物、野生动物、土壤微生物及其他自然环境因子等资源。森林是人类赖以生存的生态系统中的一个重要组成部分，在整个生态平衡、资源供应、气候调节、水土保持、防风固沙等方面起着重要作用。

2. 森林资源的破坏状况

地球上曾经有 76 亿公顷的森林，到 20 世纪时下降为 55 亿公顷，到 1976 年已经减少到 28 亿公顷。目前，全球的森林正以每年 $1.8 \times 10^7 \sim 2.6 \times 10^7 km^2$ 的速度减少，远远超过再生速度，损害了地球的"呼吸作用"，扰乱了全球的"水循环"。

由于世界人口的增长，对耕地、牧场、木材的需求量日益增加，导致对森林的过度采伐和开垦，使森林受到前所未有的破坏。

（五）水土流失和沙漠化

1. 水土流失

水土流失（water and soil loss）是指在水力、重力、风力等外营力作用下，水土资源和土地生产力的破坏和损失，包括土地表层侵蚀和水土损失，亦称水土损失。即由于各种原因，使土壤有机物流逝，肥力下降直至丧失的过程。水土流失的原因一方面是由于耕地的减少，植被覆盖一旦消失，土壤有机质很容易被冲刷或刮起。另一方面是由于过度的耕种和放牧，不仅降低土壤肥力，而且使植被减少，使土壤暴露在阳光和风力侵蚀之中。中国是世界上水土流失最为严重的国家之一，由于特殊的自然地理和社会经济条件，使水土流失成为主要的环境问题。我国的水土流失分布范围广、面积大，目前中国的水土流失面积达 $3.56 \times 10^6 km^2$，占国土总面积的 37%。

2. 土地沙漠化

沙漠化（desertification）是指干旱和半干旱地区，由于自然因素和人类活动的影响而引起生态系统的破坏，使原来非沙漠地区出现了类似沙漠环境的变化；在干旱和亚干旱地区，在干旱多风和具有疏松沙质地表的情况下，由于人类不合理的经济活动，使原非沙质荒漠的地区，出现了以风沙活动、沙丘起伏为主要标志的类似沙漠景观的环境退化过程。简单地说就是指土地退化，也叫"沙漠化"。目前，全球荒漠化土地面积已经达到 $3.6 \times 10^7 km^2$，占陆地总面积的 1/4，而且仍以平均每年 $6 \times 10^4 km^2$ 的速度在扩展。我国西北和华北地区也有许多耕地，如内蒙古和陕西的毛乌素沙漠、新疆的塔克拉玛干沙漠等，曾经都是水草丰盛的地区，现在都在沙漠的覆盖之下。可见，土地荒漠化已成为全球生态的"头号杀手"。

（六）生物多样性锐减

生态系统是由多种生物物种组成的。生物物种的多样性是生态系统成熟和平衡的标志。当自然灾害或人类行为阻碍了生态系统中能量流通和物质循环，就会破坏生态平衡，导致生物物种的减少。

20 世纪末，全球有 100 多万种生物被灭绝。联合国环境计划署预测，在今后二三十年内，地球上将有 1/4 的生物物种陷入绝境；到 2050 年，约有半数动植物将从地球上消失。这就是说，每天有 50～150 种、每小时有 2～6 种生物悄然离我们而去。地球上充满了形形色色的生物，科学家把这称为"生物多样性"。生物多样性包括物种、基因和生态环境的多样性，其中物种的数量是衡量生物多样性丰富程度的标志。

地球上众多的生物，是自然界长达数十亿年演化的结果。在长期演化过程中，始终存在着物种的灭绝。生物学家把这种灭绝分为两大类：一类是生物物种经过多代的自然选择、遗传变异而形成了新的后代；另一类是物种的完全消失，即真正的灭绝。在过去的 5 亿年间，地球生物经历了五次大范围的灭绝，它们都是由自然因素造成的。今天，地球生物正面临的第六次大规模物种灭绝，却是人类活动的结果。人类所造成的物种灭绝的速度比历史上任何时候都快，比如鸟类和哺乳动物现在的灭绝速度可能是它们在未受干扰的自然界中的 100～1000 倍。其原因主要是由于人类活动造成的：①大面积对森林、草地、湿地等生境的破坏；②过度捕猎和利用野生物种资源；③城市地域和工业区的大量发展；④外来物种的引入或侵入毁掉了原有的生态系统；⑤无控制旅游；⑥土壤、水和大气受到污染；⑦全球气候变化。这些活动在累加的情况下，会对生物物种的灭绝产生成倍加快的作用。

（七）人口问题

人口问题，是由于人口在数量、结构、分布等方面快速变化，造成人口与经济、社会以及资源、环境之间的矛盾冲突。人口问题与环境问题有密切的互为因果的联系，在一定社会发展阶段，一定地理环境和生产力水平条件下，人口增殖应保持在适当比例内。人口问题和环境问题具有辩证统一性。控制人口在于适应环境的容量，而保护环境的目的在于实现人的可持续发展。人口过多会打破环境平衡，过少会影响到人们的生产能力和创造能力，影响到人文环境，导致人的生活质量的恶化；环境质量下降，同样会降低人们的生活质量。可以说，人口和环境问题所影响到的，大的方面是国家和社会的发展进步，长远的方面则在于人本身的发展。为了解决人口增长过快的问题，人类必须控制自己，做到有计划地生育，使人口的增长与社会、经济的发展相适应，与环境、资源相协调。

三、产生环境问题的根源

在近几十年里，全球的经济飞速发展。但与此同时，环境污染速度和规模也令人担忧。从本质上看，环境问题是人与自然的关系问题。在人与自然的矛盾中，人是矛盾的主要方面，因而也是环境问题的最终根源。因此，从人为方面分析，环境问题的产生根源有四种：发展观根源、制度根源、科技根源和环保教育根源。

（一）发展观根源

从发展观的角度来看，环境问题的产生是由于人们用不正确的指导思想来指导发展造成的。在发展初期，人们在发展观上存在着误区，认为单纯的经济增长就等同于发展。事实并非如此，如果社会发展不协调，环境保护不落实，经济发展终将受到制约。近年来，经济是发展了，但环境问题日益突出就是很好的证明。如果以"科学发展观"作为指导，在发展过程中注重人与社会、人与自然、社会与自然的和谐发展，则能实现既发展经济又保护环境的可持续发展。从这个意义上来说，发展观是环境问题的第一根源。

（二）制度根源

制度根源是指环境问题的产生，是由于制度的不完善造成的。之所以在发展中产生环境问题就是由于人们生产和消费不尽合理，而造成这种现象的原因是没有完善和规范的制度来约束人们的行为。环境制度的不完善主要表现在以下几个方面：一是重污染防治，轻生态保护，即预防污染的法规多，生态保护的法规少；二是重点源治理，轻区域治理，即忽视环境的整体性，头痛医头、脚痛医脚；三是重浓度控制，轻总量控制，即按照制度标准控制排放浓度的限值，而忽视污染物的总排放量；四是重末端控制，轻全过程控制，即重视控制经济活动的污染后果，而轻视经济活动中的污染排放。由此可见，制度的不完善或不合理是环境问题产生的根源之一。

（三）科技根源

科技根源是指环境问题的产生，是由于科学技术不成熟及科学技术的负面作用引起的。一方面，由于科学技术达不到"零污染"、"零排放"等要求，导致在发展经济的同时会向环境里面排放相当数量的污染物。另一方面，科技的发展在给人类的生产生活带来极大便利的同时也不断地暴露其负面效应，如农药可以预防害虫，也可以使食物具有毒性；塑料袋方便人们的同时，也会造成白色污染；电脑、手机、打印机等在快速传输信息的同时，不断地产生辐射；空调、冰箱等在提升人们生活质量的同时，也在破坏臭氧层等。从环境污染的角度来看，现代社会的重大环境问题都直接和科学技术有关。资源短缺直接和现代化机器大规模开发有关。生态破坏直接与森林电动设备快速砍伐和枪支狩猎有关；大气污染和水污染直接和现代的工厂、汽车、火车、轮船等排放的污染物有关。因此，科技也是当今环境问题产生的重要根源。

（四）环保教育根源

环保教育根源是指环境问题的产生是由于人们环保意识缺乏，环境教育没有跟上造成的。环境保护不是哪一个国家、哪一个人所能完成的，它需要所有人的共同努力，即重在公众参与。缺乏环保意识和环保知识是产生环境问题的致命根源。

四、解决环境问题的途径

由于环境问题产生的最终根源是人，那么解决环境问题的根本性措施还要落实到人身上。具体地讲，环境问题的解决主要靠政府、公众和企业的共同努力。

① 政府在环境问题的解决中起到关键作用。政策是环境问题产生的根源之一，而政策出自政府。政府作为社会管理的主导力量可以采取各种环境保护的必要措施，使环境保护得以有效实现。首先，政府在思想上可以发挥其引导作用，如加大环保宣传力度，加强环保教育，提高公众环保意识，营造社会全体成员保护环境的氛围等。其次，政府有能力做好环境保护。政府可以根据宪法和法律或实际的需要制定行政法规，来规范全社会的环境行为，并加大执行力度。在行动上，政府依法执行各项环境保护法律法规，从而使环保工作产生实效。最后，政府作为社会管理者，有权利也有责任做好环境保护工作。因此，政府在环境问题的解决中起到关键作用。

② 公众在环境问题的解决中起到基础性作用。环境保护要靠政府，但是不能仅靠政府，它需要全体人民的共同参与。因为公众是环境问题的直接受害者，也是环境保护的直接受益者。公众在环境问题的发现、反映、制止、提议等方面的作用都是基础性的。目前，公众参与环境保护是国际社会环境保护的主流趋势。《新京报》指出，"公众参与是解决环境问题不可替代的力量"，这个共识正在形成。公众参与环境保护的程度，直接体现了一个国家可持续发展的水平。我国人口众多，环境问题最大的特殊性就是污染容易治理难，这就要求必须发挥公众的力量，树立保护环境、人人有责的意识。最近几年，虽然环境保护成了公众参与的热点，但是公众参与环保的程度还很低，参加过环保活动的人数不足 10%，知道"12369"环境问题免费举报电话的不足 20%。因此，要想真正解决好环境问题，必须充分发挥好公众的基础性作用。

③ 企业在环境问题解决中起到直接的作用。企业的发展给社会创造了大量财富，也为社会提供了大量的就业机会，但是企业也是造成污染的最重要的原因之一。近年来松花江特大水污染、"太湖巢湖蓝藻事件"等都是企业直接造成的。可见，如果企业在环保方面做出努力，会直接减少环境污染。因此，企业在环境问题的解决中起直接作用。企业树立环保意识、法律意识，在生产经营过程中严守法律法规，做到守法经营至关重要。企业应特别注重环保创新，注重技术的进步，不断地创造出新的环保产品，创造出新的控制环境污染的方法。企业在环保上所做的任何努力都会惠及社会和自身，直接减轻政府和公众的环保难度。

第三节　环境污染与人体健康

一、人与环境的关系

人体与环境都是由物质组成的，因此把人类和环境联系起来的正是物质的最基本单元化学元素。地球化学家研究发现，人体血液和地壳岩石中化学元素的含量具有明显的相关性。例如，人体血液中 60 多种化学元素的平均含量与地壳岩石中化学元素的平均含量非常相似。人体是一个不断地进行着吐故纳新的生物体，无时无刻不在与周围环境进行物质、能量和信息等各种形式的交换。人类通过呼吸、饮食、皮肤和黏膜，把人体需要的光线、氧气、水和其他营养物质吸收和转化为自身的成分和能量，同时又把从外界吸收的有害物质和自身代谢的废物排出体外，维持人体健康的正常平衡。可见，人体与环境是相互依存、不可分割的辩证统一体，如果环境遭到污染，会使环境中某些化学元素或物质增多，进而影响人体健康。例如，汞、铬、铅、镉等重金属或难降解的有机物污染了空气或水体，继而污染土壤和生物，再通过食物链侵入人体，最终会引起疾病危害人体健康。

二、环境污染对人体健康的影响

人体通过新陈代谢和周围环境进行物质交换，环境的任何变化都会不同程度地影响人体的正常生理功能。人体具有调节自己适应环境变化的能力，但如果环境的异常变化超出了人类正常调节的限度，就会造成病理性变化，进而产生疾病。

（一）致病因素与人体调节功能

1. 疾病概念

所谓疾病是指机体在一定的条件下，受致病因素损害作用后，因自身调节紊乱而发生的异常生命活动过程。这里的致病因素就是使人体发生病理变化的环境因素，包括物理性（如噪声、强烈的阳光、辐射等）、化学性（如有毒气体、重金属、化肥等）和生物性（细菌、病毒等）致病因素。

2. 疾病的发生过程

疾病的发生发展过程一般可分为四个时期：潜伏期、前驱期、临床症状明显期和转归期。如果在急性中毒的情况下，潜伏期和前驱期会很短，受害者很快会出现临床表现和体征。如果在化学性的致病因素微量作用下，潜伏期和前驱期可以相当长，病人没有明显的临床症状和体征，看上去像"健康人"一样，但在致病因素的继续作用下，终将出现临床症状和体征，而且这个时期，这种人对其他致病因素的抵抗力极差。所以在评价环境污染对人体健康的影响时，必须从以下几个方面进行考虑：①是否引起急性中毒；②是否引起慢性中毒；③有无致癌、致畸、致突变作用；④是否引起寿命的缩短；⑤是否引起生理等方面的变化。

（二）化学物质在人体中的迁移转化

1. 毒物在人体中的迁移转化过程

环境污染对人体健康的影响相当复杂，常见的环境化学污染物质在人体内迁移转化主要包括四个过程（见图1-2），可概括如下。

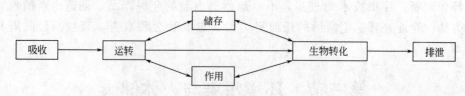

图 1-2　环境化学污染物在人体内的转归

（1）毒物的侵入和吸收　毒物主要通过呼吸道和消化道侵入人体，也可经皮肤或其他途径侵入。空气中的气态毒物或悬浮的颗粒物，经呼吸道进入人体。从鼻咽腔至肺泡，整个呼吸道各部分，由于结构不同，对毒物的吸收也不同，毒物由肺部吸收的速度最快。水和土壤中的有毒物质，主要是通过饮用水和食物经消化道被人体吸收。整个消化道都有吸收作用，但以小肠较为重要。

（2）毒物的分布和蓄积　毒物进入人体后，经血液分布到各组织，不同的毒物在人体内各组织的分布情况不同，毒物长期隐藏在组织内，其量又可逐渐积累，这种现象叫做蓄积。例如，Pb 蓄积骨骼内，DDT 蓄积在脂肪内。蓄积在某些情况下有保护作用，但同时也存在某种潜在的危险。

（3）毒物的生物转化　毒物进入人体之后除很少一部分水溶性强、分子量极小的毒物可以原形从人体中排出外，绝大部分毒物都要经过某些酶的代谢（或转化），从而改变其毒性，增强水溶性，易于排泄。毒物在体内的这种毒性转化过程，叫做生物转化过程。肝脏、肾脏、肠胃等器官对各种毒物都有生物转化功能，其中以肝脏最为重要。

（4）毒物的排泄　毒物的排泄途径主要有肾脏、消化道和呼吸道。少量可随汗液、乳汁、唾液等形式排出体外。毒物在排出过程中，可对排出的器官造成损害，成为中毒表现的一部分。

2. 污染物对人体危害的影响因素

环境污染对人体的危害性质和程度，主要与下列因素有关。

（1）污染物的理化性质　环境污染物对人体健康的危害程度与污染物的理化性质有着直接的关系。如果污染物的毒性较大，即便污染物的浓度很低或污染量很小，仍能对人体造成危害。例如，氰化物属剧毒物质，即便人体摄入的量很低，也会产生明显的危害作用，因为其引起中毒的剂量很低。部分污染物进入人体内可转化为简单的化学物质排出体外，但也有些污染物转化成为新的有毒物质而增加毒性，例如，汞经过生物转化而形成甲基汞，毒性增加；有些毒物如汞、砷、铅、铬、有机氯等，虽然其浓度并不很高，但这些物质在人体内可以蓄积，最终危害人体健康。

（2）剂量　环境污染物能否对人体产生危害以及危害的程度，主要取决于污染物进入人体的"剂量"。

① 人体非必要元素：由环境污染而进入人体的剂量达到一定程度（人体最高允许负荷量）即可以引起异常反应，甚至进一步发展成疾病。

② 人体必要的元素：人体必需的元素其剂量与反应的关系相对复杂。含量过少，不能满足人体生理需求；含量过多，会引起中毒。例如，生活饮用水中氟含量的浓度质量标准是 $0.5\sim1.0\text{mg/L}$，人长期饮用氟化物质量浓度低于 0.5mg/L 的水会引起龋齿，长期饮用氟化物质量浓度高于 1.0mg/L 的水会导致氟中毒。

（3）作用时间　许多污染物具有蓄积性，只有在体内蓄积达到中毒阈值时，才会产生危害。因此，蓄积性毒物对机体作用的时间长时，则其在体内的蓄积量增加。污染物在体内的蓄积量与摄入量、作用时间及污染物本身的半减期三个因素有着密切的关系。

（4）多种因素的联合作用　环境污染物对人体的作用，往往并非单一的，而是经常与其他物理、化学因素同时作用于人体，因此，必须考虑这些因素的联合作用和综合影响。例如，Zn 能抵抗 Cd 对肾小管的损害，CO 与 H_2S 则可相互促进中毒的发展。

（5）个体敏感性　人的健康状况、生理状态、遗传因素等，均可以影响人体对环境异常变化的反应。所以，当某种毒物污染环境而作用于人群时，并非所有的人都能出现同样的反应，而是出现一种"金字塔"式的分布，这主要是由于个体对有害性因素的感受性有所不同。因此，预防医学的重要任务，便是及早发现亚临床状态和保护敏感的人群。

三、环境污染对人体健康的危害

环境污染对人体健康的危害，是一个十分复杂的问题。有些污染物在短期内通过空气、水、食物链等多种介质侵入人体，或几种污染物联合侵入人体，达到一定浓度时会造成急性危害；有些污染物以小剂量持续不断地侵入人体，经过相当长的时间才显露出对人体的危害。因此，把环境污染对人体的危害大致分为急性危害、慢性危害和远期危害三个方面。

（一）急性危害

急性危害（acute hazards）是指在短期内污染物浓度很高，或几种污染物联合进入人体可使暴露人群在较短时间内出现不良反应、急性中毒甚至死亡的危害。通常发生在特殊情况之下，例如，英国多次发生的伦敦烟雾事件，使呼吸系统和心血管系统疾病的患者增加，甚至死亡。最严重的是 1962 年 12 月 5 日，历时 5 天，死亡 4000 多人。再如，1984 年印度博帕尔农药厂发生的异氰基甲酯泄漏事件，导致数十万人暴露于这种毒气，2500 多人急性中毒死亡，10 万人住院，其中 5 万人双目失明，其他幸存者的健康也受到严重危害。

（二）慢性危害

慢性危害（chronic hazardcs）指污染物在人体内转化、积累，经过相当长时间（半年至十几年）才出现病症的危害。慢性危害的发展一般具有渐进性，出现的有害效应不易被察觉，一旦出现了较为明显的症状，往往已成为不可逆的损伤，造成严重的健康后果。例如，发生在日本的"水俣病"、"痛痛病"和"四日市哮喘病"等，给受害人造成了严重的身心创伤。

1. 大气污染与慢性病

据统计，20 世纪 90 年代以来，我国城市地区死因顺序排在第二位的是呼吸道疾病。研究发现，城市大气污染是慢性支气管炎、肺气肿以及支气管哮喘等呼吸系统疾病的直接原因或诱发原因之一。据调查发现，中小学生慢性鼻炎、慢性咽炎和同时患上两种以上慢性鼻、咽疾病的发病率，空气重污染区显著高于轻污染区；30 岁以上的居民慢性鼻咽炎发病率，污染区也均显著高于对照区。例如，日本四日市哮喘事件是世界有名的公害事件之一，1955 年日本在四日市相继兴建了十多家石油化工厂，化工厂终日排放含 SO_2 的气体和粉尘，使昔日晴朗的天空变得污浊不堪。1961 年，呼吸系统疾病开始在这一带发生，并迅速蔓延。据报道患者中慢性支气管炎占 25％，哮喘病占 30％，肺气肿等占 15％。1964 年这里曾经有 3 天烟雾不散，哮喘病患者中不少人因此死去，1967 年一些患者因不堪忍受折磨而自杀，1970 年患者达 500 多人，1972 年全市哮喘病患者 871 人，死亡 11 人。

2. 水体污染、土壤污染与慢性病

水体污染与土壤污染对人体造成慢性危害的物质主要是重金属。如汞、铬、铅、镉、砷等含生物毒性显著的重金属元素及其化合物，进入环境之后不能被生物降解，且具有生物累积性，直接威胁人类健康。有关专家指出，重金属对土壤的污染具有不可逆转性，已受污染土壤没有治理价值，只能调整种植品种来加以回避。因此，重金属污染问题应引起人们的重视。例如，世界著名的环境公害"水俣病"事件，1953 年在日本的水俣湾地区发现此病，患者手足失调、步行困难、运动障碍、弱智、听力语言障碍、神经错乱等，但当时病因不明，1956 年查明是由于当地人们长期食用受甲基汞毒害的鱼类所造成的。再如，发生在日本的"痛痛病"事件，1955 年日本富士山地区发现一种怪病，病人骨痛、骨头变形。1961 年查清是人食用了当地铝厂排放的含 Cd 的废水或受 Cd 污染的大米造成的。

（三）远期危害

远期危害（long-term hazards）是指环境污染物质进入人体后，经过一段较长（有的长达数十年）的潜伏期才表现出来，甚至有些会影响到子孙后代的健康和生命的危害。远期危

害是目前最受关注的，主要包括致癌作用、致畸作用和致突变作用。

1. 致癌作用

致癌作用是指能引起或引发癌症的作用。据研究表明，在人类肿瘤的病因中绝大多数与环境因素有关，其中化学性因素的致癌作用约占90%，而这些致癌物质主要来自环境污染。例如，近几十年来，随着城市工业的迅猛发展，大量排放废气污染空气，工业发达国家肺癌死亡率急剧上升；在我国某些地区的肝癌发病率与有机氯农药污染有关。据报道，人类常见的八大癌症有四种在消化道（食道癌、胃癌、肝癌、肠癌），两种在呼吸道（肺癌、鼻咽癌），因此癌症的预防重点是空气与食物的污染。

2. 致畸作用

致畸作用是指环境污染物通过人或动物母体影响动物胚胎发育与器官分化，使子代出现先天性畸形的作用。人或动物在胚胎发育过程中，由于遗传因素、化学因素、物理因素（如电离辐射等）、生物因素、母体营养缺乏或内分泌障碍等都可能引起先天性畸形。致畸作用是有害物质或因素对胚胎产生毒性或影响的表现之一。胚胎毒性一般包括：流产、死胎、胎儿畸形、胎儿发育迟缓或功能不全等。

随着工业迅速发展，大量化学物排入环境，许多研究者在环境污染事件中都观察到由于孕期摄入毒物而引发的胎儿畸形发生率明显增加。例如，在日本水俣病流行区，有时母亲很少或没有出现水俣病症状，而婴儿却患有先天性麻痹性痴呆或出现了其他畸形怪胎。据动物试验和对人体观察表明，烷基汞化合物能通过胎盘进入胎儿，胎儿血中和脑中的含量可比母体高20%，孕妇接触大量烷基汞化合物，婴儿可出现智力发育迟缓，以至痴呆，有的伴有惊厥性脑瘫痪等胎儿性水俣病症状。再如，美国在越南战争期间曾大量施用落叶剂2,4,5-涕。调查表明，曾在撒布2,4,5-涕的地区生活2个月以上的一组人中，除有急性及慢性症状外，成年女子中4个母亲有3个生了畸形儿。并发现畸形儿中的2名明显地表现出染色体异常（21-三体），另外染色体的断裂和缺损等构造上的异常对照组为1.14%，畸形儿为13.55%。

目前，环境因素与人类出生缺陷关系的研究愈来愈多。人们对于化学因素暴露的影响尤为关注。许多国家相继建立了人类出生缺陷监测中心；制订的法规或条例中对新药、新农药、化妆品、食品添加剂等的致畸性作了严格的要求。化学物致畸性筛选试验（包括各种体内和体外短期致畸试验）迅速发展，对人类出生缺陷的环境病因学研究也正在成为世界性关注的课题。

复习思考题

1. 简述环境的概念、分类及其组成。
2. 根据你所居住的城市状况，分析城市化对环境的影响有哪些。谈谈你对城市化问题的看法。
3. 环境问题的实质是什么？如何理解？
4. 当代主要环境问题有哪些？你认为产生环境问题的根源是什么？解决环境问题的根本途径有哪些？
5. 简述环境污染物质进入人体的途径及在人体中的迁移转化过程，并用环境污染实例分析环境污染对人体健康的危害。
6. 查阅什么是中国环境保护的"33211"工程。

阅读材料

世界著名的八大公害事件

1. 比利时马斯河谷烟雾事件

1930 年 12 月 1~5 日发生于比利时马斯河谷工业区。炼焦、炼钢、玻璃、硅酸、化肥等 13 个工厂排出的有害气体在逆温条件下，于狭窄盆地近地层积累了大量的 SO_2、SO_3 等有害物质和粉尘，对人体发生毒害作用，导致河谷工业区有上千人胸疼、咳嗽、流泪、咽痛、呼吸困难等，一周之内 60 多人死亡，以心脏病、肺病患者死亡率最高。

2. 美国多诺拉烟雾事件

1948 年 10 月 26~31 日发生于美国宾夕法尼亚州匹兹堡市南边的一个工业小镇——多诺拉镇。该镇地处河谷，工厂很多，大部分地区受气旋和逆温控制，持续有雾，使大气污染物在近地层积累。二氧化硫及其氧化作用的产物与大气中尘粒结合是致害因素，发病者 5911 人，占全镇总人数的 43%；其中重症患者占 11%，中度患者占 17%，轻度患者占 15%，死亡 17 人，为平时的 8.5 倍。症状是眼痛、喉痛、流鼻涕、干咳、头痛、肢体酸乏、呕吐、腹泻等。

3. 伦敦烟雾事件

1952 年 12 月 5~8 日发生于英国伦敦。当时英国几乎全境都被烟雾覆盖，温度逆增，连续数日浓雾不散。燃煤产生的烟雾不断积累，尘粒浓度为平时的 10 倍；CO_2 含量为平时的 6 倍。加上 Fe_2O_3 粉尘的作用，生成相当量的 SO_3，凝结在烟尘或细小的水珠上形成硫酸酸雾，进入人的呼吸系统。市民胸闷气促，咳嗽喉痛，当天人口死亡率开始增加，四天之内约 4000 人丧生，事件后两个月内还有 8000 人死亡。

4. 美国洛杉矶光化学烟雾事件

洛杉矶早在 20 世纪 40 年代就有车辆 250 多万辆，到 70 年代，汽车增加到 400 万辆，市内高速公路纵横交错，约占全市面积的 30%，每条公路每天通行汽车达 17 万辆次。全市汽车每天向大气中排放大量碳氢化合物、氮氧化物和一氧化碳等污染物。汽车排出的废气在日光作用下，形成以臭氧为主的光化学烟雾，这种烟雾中含有臭氧、氧化氮、乙醛和其他氧化剂，滞留市区久久不散。在 1952 年 12 月的一次光化学烟雾事件中，洛杉矶市 65 岁以上的老人死亡 400 多人。1955 年 9 月，由于大气污染和高温，短短两天之内，65 岁以上的老人又死亡 400 余人，许多人出现眼睛痛、头痛、呼吸困难等症状。直到 20 世纪 70 年代，洛杉矶市还被称为"美国的烟雾城"。

5. 日本水俣病事件

从 1949 年起，位于日本熊本县水俣镇的日本氮肥公司在生产过程中要使用含汞的催化剂，大量含汞废水被排放到了水俣湾。1954 年，水俣湾地区开始出现一种病因不明的怪病，叫"水俣病"，患病的是猫和人，患者先后出现了手刺痛、手震颤、头痛、视力模糊甚至语言障碍等异常症状。一些患者出现中毒症状后不久由于剧烈痉挛、麻木，导致死亡。经调查，发病原因是甲基汞中毒，汞的化合物破坏了居民的大脑和中枢神经系统。据日本水俣市市长 1999 年 5 月 6 日在北京大学讲演证实，整个水俣市被确诊为水俣病患者的人有 2263 人，现在已经死亡 1344 人，活着的还有近千人。为了恢复水俣湾的生态环境，日本政府花了 14 年时间，投入了 485 亿日元，把水俣湾的含汞底泥深挖 4m，全部清除掉，同时，在水俣湾入口处设立隔离网，将海湾内被污染的鱼全部捕获进行焚烧。

6. 日本四日市哮喘病事件

日本四日市是一座石油城，石油冶炼和燃油产生的废气严重污染了城市空气，整个城市终年黄烟弥漫，烟雾厚达 500m，其中漂浮着多种有毒有害气体和金属粉尘，重金属微粒与 SO_2 形成硫酸酸雾，人们长年累月吸入这些有毒成分，肺部排除污染物的能力就大大减弱，因而容易形成支气管炎、支气管哮喘以及肺气肿等许多呼吸道疾病，这些病统称为"四日市哮喘病"。从 1960 年起，当地患哮喘病的人数激增，一些哮喘病患者病甚至因不堪忍受疾病的折磨而自杀。到 1979 年 10 月底，当地确认患有大气污染性疾病的患者人数达 775491 人，典型的呼吸系统疾病有：支气管炎、哮喘、肺气肿、肺癌。

7. 日本富山骨痛病事件

1955～1972 年日本富山县神通川流域锌、铅冶炼厂等排放的含镉废水污染了神通川水体，两岸居民利用河水灌溉农田，使稻米和饮用水中含有大量的镉，镉通过稻米进入人体，首先引起肾脏障碍，逐渐导致软骨症，在妇女妊娠、哺乳、内分泌不协调、营养性钙不足等诱发原因存在的情况下，使妇女得上一种浑身剧烈疼痛的病，叫痛痛病，也叫骨痛病，重者全身多处骨折，在痛苦中死亡。截至 1968 年 5 月共确诊患者 258 人，其中死亡 128 人。

8. 日本米糠油事件

1968 年日本九州爱知县一个食用油厂在生产米糠油时，致使米糠油中混入了多氯联苯，造成食物油污染。由于当时把被污染了的米糠油中的黑油去做鸡饲料，造成了九州、四国等地区的几十万只鸡中毒死亡的事件。随后九州大学附属医院陆续发现了因食用被多氯联苯污染的食物而得病的人，病人初期症状是皮疹、指甲发黑、皮肤色素沉着、眼结膜充血，后期症状转为肝功能下降、全身肌肉疼痛等，重者发生急性肝坏死、肝昏迷，以至死亡。1978 年，确诊患者人数累计达 1684 人。

参考文献

[1] 张合平，刘云国. 环境生态学 [M]. 北京：中国林业出版社，2002.
[2] 李玉文. 环境科学概念 [M]. 北京：经济科学出版社，1999.
[3] 周训芳. 环境概念与环境法对环境概念的选择 [J]. 安徽工业大学学报：社会科学版，2002，19 (5)：11-13.
[4] 胡筱敏. 环境学概论 [M]. 武汉：华中科技大学出版社，2010.
[5] 王玉梅. 环境学基础 [M]. 北京：科学出版社，2010.
[6] 刘克峰，刘悦秋. 环境科学概论 [M]. 北京：气象出版社，2010.
[7] 叶安珊. 环境科学基础 [M]. 南昌：江西科学技术出版社，2009.
[8] 祖彬. 环境保护基础 [M]. 哈尔滨：哈尔滨工程大学出版社，2007.
[9] 攀芷芸，黎松强. 环境学导论 [M]. 第 2 版. 北京：中国纺织出版社，2004.
[10] 徐炎华. 环境保护概论 [M]. 北京：中国水利水电出版社，知识产权出版社，2008.
[11] 何强，井文涌，王翊亭. 环境学导论 [M]. 第 2 版. 北京：清华大学出版社，1994.
[12] 任健美，牛俊杰. 城市环境保护规划 [M]. 北京：气象出版社，2005.
[13] 朱艳，何咏志. 废品产业下城郊村落环境污染问题的社会解读——以江苏 S 村为例 [J]. 江西农业学报，2012，24 (12)：164-166.
[14] 杨建峰，张翠光，冯艳芳等. 中国地质环境变化与对策研究 [M]. 北京：地质出版社，2010.
[15] 汪留洋，傅荣华，吴亚子. "地质环境" 与 "地质环境评价" [J]. 甘肃水利水电技术，2013，49 (1)：50-53.
[16] 王建国. 健康密码，人与环境之和谐 [M]. 北京：世界知识出版社，2006.
[17] 刘芃岩. 环境保护概论 [M]. 北京：化学工业出版社，2011.
[18] 魏振书，杨永杰. 环境保护概论 [M]. 北京：化学工业出版社，2003.

第二章　环境生态学基础知识

【内容提要】　本章主要叙述了生态系统的概念；生态系统的组成、结构、类型以及生态系统的功能；生态平衡的概念及其意义；生态平衡的调节机制以及破坏生态平衡的因素；生态学在环境保护过程中的应用等。

【重点要求】　掌握生态系统的概念、组成、结构、类型和功能，生态平衡；了解如何运用生态学理论与技术，合理调控并保持其各个子系统的生态平衡。

第一节　生态系统

一、生态学及生态系统的基本概念

（一）生态学基本概念

"生态学"（ecology）一词源于希腊文 oikologie，是 1865 年由勒特（Reiter）合并两个希腊字 logs（研究）和 oikos（房屋、住所）构成，1866 年德国动物学家恩斯特·海克尔（Ernst Heinrich Haeckel）初次把生态学定义为"研究动物与其有机及无机环境之间相互关系的科学"，特别是动物与其他生物之间的有益和有害关系。从此，揭开了生态学发展的序幕。在 1935 年英国的 Tansley 提出了生态系统的概念之后，美国的年轻学者 Lindeman 在对 Mondota 湖生态系统详细考察之后提出了生态金字塔能量转换的"十分之一定律"。由此，生态学成为一门有自己的研究对象、任务和方法的比较完整和独立的学科。我国著名生态学家马世骏教授定义生态学为："研究生物与环境之间相互关系及其作用机理的科学。"目前，最为全面和大多数学者们所采用的定义为："研究生物与生物、生物与其环境之间的相互关系及其作用机理的科学。"近年来，生态学已经创立了自己独立研究的理论主体，即从生物个体与环境直接关系的小环境到生态系统不同层级的有机体与环境关系的理论。其研究方法经过描述-实验-物质定量三个过程。系统论、控制论、信息论的概念和方法的引入，促进了生态学理论的发展。

在自然界，各种生物物质结合在一起形成复杂程度不同的各种有机体，这些有机体依照细胞-个体-群落-生态系统的顺序而趋于复杂化。生态学就是研究生命系统与环境系统相互关系的科学。生态学的研究一般从研究生物个体开始，分别研究个体、种群、群落、生态系统等，并形成相应不同层次的生态学科。生物个体都是具有一定功能的生物系统。个体生态学主要研究有机体如何通过特定的生物化学、生理和行为机制去适应其生存环境。种群是指在一定时间内和一定空间地域内一群同种个体组成的生态系统。种群生态学讨论的重点是有机体的种群大小如何调节，它们的行为以及它们的进化等问题。种群既体现每个个体的特性，又具有独特的群体特征，如团聚和组群特征等。群落是指在一定时间内居住于一定生境中的各种群组成的生物系统。群落生态学研究中，人们最感兴趣的是生物多样性，生物的分布、相互作用及作用机制等。现代生态学除研究自然生态外，还将人类包括其中。马世骏教授认为，生态学是一门包括人类在内的自然科学，也是一门包括自然在内的人文科学，并提出"社会-经济-自然复合生态系统"的概念。这样，生态学研究就包括了更为宏观、更为广阔的内容，即景观生态学和全球尺度的全球生态学（生物圈）。

（二）生态系统的基本概念

随着生态学的发展，生态学家认为生物与环境是不可分割的整体，以至后来欧德姆（E. P. Odum）认为应把生物与环境看作一个整体来研究，定义生态学是"研究生态系统结构与功能的科学"，研究一定区域内生物的种类、数量、生物量、生活史和空间分布；环境因素对生物的作用及生物对环境的反作用；生态系统中能量流动和物质循环的规律等。因此，生态系统的概念也随之产生。

生态系统是指在自然界的一定空间内，生物与环境构成的统一整体，在这个统一整体中，生物与环境之间相互影响、相互制约，不断演变，并在一定时期内处于相对稳定的动平衡状态。生态系统具有一定的组成、结构和功能，是自然界的基本结构单元，换句话说，生态系统就是一个相互进行物质和能量交换的生物与非生物部分构成的相对稳定的系统，它是生物与环境之间构成的一个功能整体，是生物圈能量和物质循环的一个功能单位。

生态系统一般主要指自然生态系统。由于当代人类活动及其影响几乎遍及世界的每一个角落，地球上已很少有纯粹的未受人类干扰的自然生态系统了，生态学研究的大部分生态系统是半人工、半自然的生态系统（如农业生态系统），甚至完全是人工建造的生态系统（如城市生态系统）。

生态系统可以是一个很具体的概念，一个池塘、一片森林或一块草地都是一个生态系统。同时，它又是在空间范围上抽象的概念。生态系统和生物圈只是研究的空间范围及其复杂程度不同。小的生态系统联合成大的生态系统，简单的生态系统组合成复杂的生态系统，而最大、最复杂的生态系统就是生物圈。

生态系统是一个将生物与其环境作为统一体认识的概念，因此在生态学中，生态系统是一个空间范围不太确定的术语，可以适用于各种大小不同的生物群落及其环境。例如，最小的生态系统可以是一个树桩上的生物与其环境，中等尺度的生态系统如森林群落等，大的生态系统可以是一个流域、一个区域或海洋等。

生态系统的范围可大可小，相互交错，最大的生态系统是生物圈，最为复杂的生态系统是热带雨林生态系统，人类主要生活在以城市和农田为主的人工生态系统中。生态系统是开放系统，为了维系自身的稳定，生态系统需要不断输入能量，否则就有崩溃的危险。许多基础物质在生态系统中不断循环，其中碳循环与全球温室效应密切相关。生态系统是生态学领域的一个主要结构和功能单位，属于生态学研究的最高层次。

生态系统虽然有大和小、简单和复杂之分，但都具有以下共同特性。

① 生态系统是动态功能系统。生态系统是有生命形态存在并与外界环境不断进行物质交换和能量传递的特定空间。在生态系统中，各种生物彼此间以及生物和非生物环境之间相互作用，不断进行着物质循环、能量流动和信息传递。

② 生态系统具有一定的区域特征。

③ 生态系统是开放的"自持系统"。即依靠它自身的成分，能够实现能量的传递与物质的循环。

④ 生态系统具有自动调节的功能。即当生态系统受到外来干扰而使稳定状态改变时，系统有靠自身的机制再返回稳定、协调状态的能力。

二、生态系统的组成、结构和类型

(一) 生态系统的组成

所有的生态系统，不论陆生的还是水生的，都可以概括为两大部分或四种基本成分（见图 2-1）。两大部分是指非生物部分和生物部分；四种基本成分，即非生物环境、生产者、消费者和分解者。

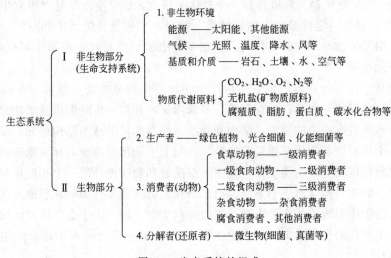

图 2-1　生态系统的组成

1. 非生物部分

非生物部分是指生物生活的场所，物质和能量的源泉，也是物质和能量交换的地方。非生物部分具体包括以下几种。

① 能源，如太阳能、其他能源等；

② 气候，如光照、热量、水分、空气、风、雨、雪等；

③ 基质和介质，如岩石、土壤、水、空气等；

④ 物质代谢的原料，如氮、氧、水、二氧化碳、各种无机盐、蛋白质、碳水化合物、脂类及腐殖质等。

非生物成分在生态系统中的作用，一方面是为各种生物提供必要的生存环境，另一方面是为各种生物提供必要的营养元素，可统称为生命支持系统。

2. 生物部分

生物部分由生产者、消费者和分解者构成。

(1) 生产者（producers）　主要指绿色植物，也包括蓝绿藻和一些光合细菌，是能利用简单的无机物质制造食物的自养生物，在生态系统中起主导作用。这些绿色植物体内含有光合作用色素，可利用太阳能把二氧化碳和水合成有机物，同时放出氧气。除绿色植物以外，还有利用太阳能或化学能把无机物转化为有机物的光能自养微生物和化能自养微生物。生产者在生态系统中不仅可以生产有机物，而且也能在将无机物合成有机物的同时，把太阳能转化为化学能，贮存在生成的有机物中。生产者生产的有机物及贮存的化学能，一方面供给生产者自身生长发育的需要，另一方面，也用来维持其他生物全部生命活动的需要，是其他生物类群以及人类的食物和能源的供应者。

(2) 消费者（consumers）　消费者指依靠摄取其他生物为生的异养生物。消费者的范围非常广，包括了几乎所有动物和部分微生物（主要有真菌、细菌），它们通过捕食和寄生关系在生态系统中传递能量。消费者主要指以其他生物为食的各种动物，包括植食动物、肉食动物、杂食动物和寄生动物等。它们以其他生物为食，自己不能生产食物，只能直接或间接地依赖生产者所制造的有机物获得能量。根据不同的取食地位，可分为：一级消费者（亦称初级消费者），直接依赖生产者为生，包括所有的食草动物，如牛、马、兔、池塘中的草鱼以及许多陆生昆虫等；二级消费者（亦称次级消费者），是以食草动物为食的食肉动物，如鸟类、青蛙、蜘蛛、蛇、狐狸等。食肉动物之间又是"弱肉强食"，由此，可以进一步分为三级消费者、四级消费者，这些消费者通常是生物群落中体型较大、性情凶猛的种类。另外，消费者中最常见的是杂食消费者，是介于草食性动物和肉食性动物之间，既食植物又食动物的杂食动物，如猪、鲤鱼、大型兽类中的熊等。

消费者在生态系统中的作用之一，是实现物质和能量的传递。如草原生态系统中的青草、野兔和狼，其中，野兔就起着把青草制造的有机物和储存的能量传递给狼的作用。消费者的另一个作用是实现物质的再生产，如草食动物可以把草本植物的植物性蛋白再生产为动物性蛋白。所以，消费者又可称为次级生产者。

（3）分解者（decomposers）　分解者又称"还原者"，它们是一类异养生物，主要包括细菌、真菌、放线菌等微生物以及土壤原生动物和一些小型无脊椎动物，也包括某些原生动物和蚯蚓、白蚁、秃鹫等大型腐食性动物。这些分解者的作用，就是分解生产者和消费者的残体、粪便和各种复杂的有机化合物，吸收某些分解产物，最终能将有机物分解为简单的无机物，而这些无机物参与物质循环后可被自养生物重新利用。所以，分解者对生态系统中的物质循环，具有非常重要的作用。

分解者的分解作用可分为三个阶段：①物理的或生物的作用阶段，分解者把动植物残体分解成颗粒状的碎屑；②腐生生物的作用阶段，分解者将碎屑再分解成腐殖酸或其他可溶性的有机酸；③腐殖酸的矿化作用阶段。从广义角度可以认为，参与这三个阶段的各种生物都应属于分解者。蚯蚓、蜈蚣以及各种土壤线虫等土壤动物，在动植物残体分解过程的第一阶段，起着非常重要的作用。另一些动物，如鼠类等啮齿动物也会把植物咬成大量碎屑，残留在土壤中。所以，虽然分解者主要是指微生物，同时也应包括某些小型动物和大型腐食性动物。

分解者可以将生态系统中的各种无生命的复杂有机质（尸体、粪便等）分解成水、二氧化碳、铵盐等可以被生产者重新利用的物质，完成物质的循环，因此分解者、生产者与无机环境就可以构成一个简单的生态系统。分解者是生态系统的必要成分，是连接生物群落和无机环境的桥梁。

以上构成了一个有机的统一整体。在这个有机体中，能量与物质在不断地流动，并在一定的条件下保持着相对平衡。

不同的生态系统，其具体的组成成分也会各不相同。如陆生生态系统的生产者是各种陆生植物，消费者是各种陆生动物，分解者主要是土壤微生物；而水生生态系统，其生产者则是各种水生植物，消费者则是各种水生动物，分解者则是各种水生微生物。不同生态系统的非生物成分，也存在着一定的差异。

（二）生态系统的结构

生态系统的结构是指构成生态系统的要素及其时空分布和物质、能量循环转移的路径。它包括形态结构和营养结构。

1. 生态系统的形态结构

生态系统的形态结构指生物成分在空间、时间上的配置与变化，即空间结构和时间结构。

① 空间结构。是生物群落的空间格局状况，包括群落的垂直结构（成层现象）和水平结构（种群的水平配置格局）。例如，一个森林生态系统，在空间分布上，自上而下具有明显的成层现象，地上有乔木、灌木、草本植物、苔藓植物，地下有深根系、浅根系及根系微生物和微小动物。在森林中栖息的各种动物，也都有其相对的空间位置，包括在树上筑巢的鸟类、在地面行走的兽类和在地下打洞的鼠类等。在水平分布上，林缘、林内植物和动物的分布也有明显的不同。

② 时间结构。主要指物种的时间变化关系和发育特征，构成一个完整的季相。例如，长白山森林生态系统，冬季满山白雪覆盖，是一片林海雪原；春季冰雪融化，绿草如茵；夏季鲜花遍野，五彩缤纷；秋季又是果实累累，气象万千。不仅在不同季节有着不同的季相变化，就是昼夜之间，其形态也会表现出明显的差异。

2. 生态系统的营养结构

生态系统各组成部分之间构成生态系统的营养结构。

生态系统各组成部分之间建立起营养关系，通过营养联系构成了生态系统的营养结构。生产者可向消费者和分解者分别提供营养，消费者也可向分解者提供营养，分解者又把营养物质输送给环境，由环境再供给生产者。这既是物质在生态系统中的循环过程，也是生态系统营养结构的表现形式。由于各生态系统的环境、生产者、消费者和分解者不同，就构成了各自的营养结构。营养结构是生态系统中能量流动和物质循环的基础。不同生态系统的成分不同，其营养结构的具体表现形式也会因之各异。

在生态系统中，一种消费者往往不只吃一种食物，而同一种食物又可能被不同的消费者所食。因此各食物链之间又可以相互交错相联，形成复杂的网状食物关系，称为食物网。图2-2 给出了一个简化的食物网。食物网作为一系列食物链的链锁关系，本质上反映了生态系统中各有机体之间的相互捕食关系和广泛的适应性。自然界中普遍存在着的食物网，不仅维系着一个生态系统的平衡和自我调节能力，而且推动着有机界的进化，成为自然界发展演化的生命网，从而增加了生态系统的稳定性。

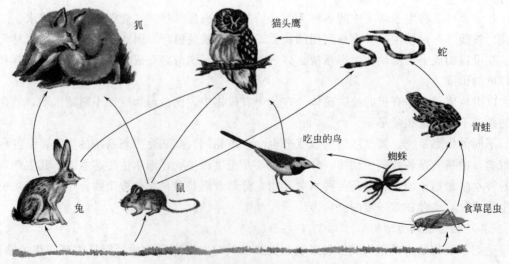

图 2-2 温带草原生态系统的食物网示意图

（三）生态系统的类型

自然界中的生态系统是多种多样的，为了方便研究，人们从不同角度将生态系统分成了若干的类型。

① 按照生态系统形成的原动力和影响力，生态系统可分为自然生态系统、半自然生态系统和人工生态系统三类。

凡是未受人类干预和扶持，在一定空间和时间范围内，依靠生物和环境本身的自我调节能力来维持相对稳定的生态系统，均属自然生态系统，如原始森林、海洋、未经放牧的草原、人迹罕至的沙漠等生态系统；经过了人为干预，但仍保持了一定自然状态的生态系统为半自然生态系统，如天然放牧的草原、人类经营和管理的天然林等；按人类的需求建立起来，受人类活动强烈干预的生态系统为人工生态系统，如城市、农田、人工林、人工气候室等。

随着城市化的发展，人类面临的人口、资源和环境等问题都直接或间接地关系到经济发展、社会进步和人类赖以生存的自然环境三个不同性质的问题。实践要求把三者综合起来加以考虑，于是产生了社会-经济-自然复合生态系统的新概念。这种系统是最为复杂的，它把生态、社会和经济多个目标一体化，使系统复合效益最高、风险最小、活力最大。城市是一个以人为中心的自然、经济与社会的复合人工生态系统。它不仅包括大自然生态系统所包含的生物要素与非生物要素，而且还包含人类最重要的社会及经济要素。因此，城市生态系统是人类在改造、适应生态系统的基础上建立起来的。在整个城市生态系统中又可分为三个层次的子系统，即自然系统、经济系统、社会系统。自然系统包括城市居民赖以生存的基本物质环境，它以生物与环境协同共生及环境对城市活动的支持、容纳、缓冲及净化为特征。社会系统涉及城市及其物质生活与经济生活，它以高密度的人口和高密度的消费为特征。经济系统涉及生产、分配、流通与消费的各个环节，它以物质从分散向集中的高密度运转，能量从低质向高质的高强度聚集，信息从低序向高序的连续积累为特征。上述各个子系统除内部自身的运转外，各子系统之间相互作用，相互制约，构成一个不可分割的整体。各子系统的运转或系统间的联系如果失调，便造成城市系统的紊乱，因此，就需要城市部门制定政策、采取措施、发布命令，对整个系统的运行进行调控。

② 按照生态系统的生物成分，可分为：a. 植物生态系统，如森林、草原等生态系统；b. 动物生态系统，如鱼塘、畜牧等生态系统；c. 微生物生态系统，如落叶层、活性污泥等生态系统；d. 人类生态系统，如城市、乡村等生态系统。

③ 按照环境中的水体状况，可把地球上的生态系统划分为：a. 陆生生态系统，其可以进一步划分成荒漠生态系统、草原生态系统、稀树干草原和森林生态系统等；b. 水域生态系统，包括淡水生态系统和海洋生态系统。

④ 根据生态系统的环境性质和形态特征来划分，把生态系统分为水生生态系统和陆地生态系统。水生生态系统又根据水体的理化性质不同分为淡水生态系统（包括流水生态系统、静水生态系统）和海洋生态系统（包括海岸生态系统、浅海生态系统、珊瑚礁生态系统、远洋生态系统）；陆地生态系统根据纬度地带和光照、水分、热量等环境因素，分为森林生态系统（包括温带针叶林生态系统、温带落叶林生态系统、热带森林生态系统）、草原生态系统（包括干草原生态系统、湿草原生态系统、稀树干草原生态系统）、荒漠生态系统、

冻原生态系统（包括极地冻原生态系统、高山冻原生态系统）、农田生态系统、城市生态系统等。

（四）生态系统的基本特征

每一个生态系统都有一定的生物群落与其栖息的环境相结合，进行着物种、能量和物质的交流。在一定时间和相对稳定条件下，系统内各组成要素的结构与功能处于协调的动态之中。生态系统具有如下 10 项重要特征。

1. 以生物为主体，具有整体性特征

生态系统通常与一定空间范围相联系，以生物为主体，生物多样性与生命支持系统的物理状况有关。一般而言，一个具有复杂垂直结构的环境能维持多个物种。一个森林生态系统比草原生态系统包含了更多的物种。同样，热带生态系统要比温带或寒带生态系统展示出更大的多样性。各要素稳定的网络式联系，保证了系统的整体性。

2. 复杂、有序的层级系统

由于自然界中生物的多样性和相互关系的复杂性，决定了生态系统是一个极为复杂的、由多要素、多变量构成的层级系统。较高的层级系统以大尺度、大基粒、低频率和缓慢速度为特征，它们被更大系统、更缓慢作用所控制。

3. 开放的、远离平衡态的热力学系统

任何一个自然生态系统都是开放的，有输入和输出，而输入的变化总会引起输出的变化。虽然输出并不是立即变化，有时它们可能落在后面，但它们不会赶在输入之前，这是因为输出是输入的结果，而输入是原因、根源。从这一观点看，没有输入也就没有输出。维持生态系统需要能量。生态系统变得更大、更复杂时，就需要更多的可用能量去维持，它经历着从混沌到有序，到新的混沌，再到新的有序的发展过程。

4. 具有明确功能和公益服务性能

生态系统不是生物分类学单元，而是个功能单元。例如能量的流动，绿色植物通过光合作用把太阳能转变为化学能贮藏在植物体内，然后再转给其他动物，这样营养物质就从一个取食类群转移到另一个取食类群，最后由分解者重新释放到环境中。又如在生态系统内部生物与生物之间，生物与环境之间不断进行着复杂而有规律的物质交换。这种物质交换周而复始不断地进行着，对生态系统产生深刻的影响。自然界元素运动的人为改变，往往会引起严重的后果。生态系统就是在进行多种生态过程中完成了维护人类生存的"任务"；为人类提供了必不可少的粮食、药物和工农业原料等，并提供人类生存的环境条件，还有大量的间接性公益服务。

5. 受环境深刻的影响

环境的变化和波动形成了环境压力，最初是通过敏感物种的种群表现。自然选择可以发生在多个水平上。当压力增加到可在生态系统水平上检测时，整个系统的"健康"就出现危险的苗头。生态系统对气候变化和其他因素的变化表现出长期的适应性。

6. 环境的演变与生物进化相联系

自生命在地球上出现以来，生物有机体不仅适应了物理环境条件，还对环境进行朝着有利于生命的方向改造。

7. 具有自维持、自调控功能

一个自然生态系统中的生物与其环境条件经过长期进化适应，逐渐建立相互协调的关系。生态系统自动调控机能主要表现在三方面：第一是同种生物的种群密度的调控，这是在有限空间内比较普遍存在的种群变化规律；第二是异种生物种群之间的数量调控，多出现于植物与动物、动物与动物之间，常有食物链关系；第三是生物与环境之间的相互适应的调控。生物经常不断地从所在的生境中摄取所需的物质，生境亦需要对其输出进行及时补偿，两者进行着输入与输出之间的供需调控。生态系统对干扰具有抵抗和恢复的能力，甚至面临季节、年际或长期的气候变化，生态系统也能保持相对的稳定。生态系统调控功能主要靠反馈的作用，通过正、负反馈相互作用和转化，保证系统达到一定的稳态。

8. 具有一定的负荷力

生态系统负荷力是涉及用户数量和每个使用者强度的二维概念。这二者之间保持互补关系，当每一个体使用强度增加时，一定资源所能维持的个体数目减少。认识到这一特点，在实践中可将有益生物种群保持在一个环境条件所允许的最大种群数量，此时，种群繁殖速率最快。对环境保护工作而言，在人类生存和生态系统不受损害的前提下，一个生态系统所能容纳的污染物可维持在最大承载量，即环境容量。任一生态系统，它的环境容量越大，可接纳的污染物就越多，反之则越少。污染物的排放，必须与环境容量相适应。

9. 具有动态的、生命的特征

生态系统也和自然界许多事物一样，具有发生、形成和发展的过程。生态系统可分为幼期、成长期和成熟期，表现出鲜明的历史性特点，生态系统具有自身特有的整体演化规律。换言之，任何一个自然生态系统都是经过长期发展形成的。生态系统这一特性为预测未来提供了重要的科学依据。

10. 具有健康、可持续发展特性

自然生态系统在数十亿万年发展中支持着全球的生命系统，为人类提供了经济发展的物质基础和良好的生存环境。然而长期以来掠夺式的开采方式给生态系统健康造成极大的威胁。可持续发展观要求人们转变思想，对生态系统加强管理，保持生态系统健康和可持续发展特性，在时间、空间上实现全面发展。

三、生态系统的功能

生态系统的功能主要表现在生态系统具有一定的能量流动、物质循环和信息联系。食物链（网）和营养级是实现这些功能的保证。

（一）食物链（网）和营养级

1. 食物链（网）

生态系统中储存于有机物中的化学能在生态系统中层层传导，通俗地讲，是各种生物通过一系列吃与被吃的关系，把这种生物与那种生物紧密地联系起来，这种生物之间以食物营养关系彼此联系起来的序列，就像一条链子一样，一环扣一环，在生态学上被称为食物链。简单地说，在生态系统内，各种生物之间由于食物而形成的一种联系，叫做食物链（food chain)。

食物链是一种食物路径，食物链以生物种群为单位，联系着群落中的不同物种。食物链中的能量和营养素在不同生物间传递着，能量在食物链的传递表现为单向传导、逐级递减的特点。食物链很少包括六个以上的物种，因为传递的能量每经过一阶段或食性层次就会减少一些，所谓"一山不能有二虎"便是这个道理。

食物链通常具备以下特点。

① 一条食物链一般包括 3～5 个环节（由于食物链传递效率为 10％～20％，因而无法无限延伸，存在极限）。

② 食物链的开始通常是绿色植物（生产者）。

③ 在食物链的第二个环节通常是植食性动物。

④ 食物链中的第三个或其他环节的生物一般都是肉食性动物。

按照生物与生物之间的关系可将食物链分为捕食性食物链、腐食性食物链（碎食食物链）、和寄生性食物链。

（1）捕食性食物链　捕食性食物链是以生产者为基础，其构成形式是植物-食草动物-食肉动物，后者可以捕食前者，如在草原上，青草-野兔-狐狸-狼；湖泊中，藻类-甲壳类-小鱼-大鱼。

（2）腐食性食物链　腐食性食物链以动植物遗体为基础，由细菌、真菌等微生物或某些动物对其进行腐殖质化或矿化，如植物遗体-蚯蚓-线虫类-节肢动物，在这种食物链中，分解者起主要作用，故也称为分解链。一般，初级生产者的生产量高、转化效率低的生态系统，如森林生态系统等即以腐食性食物链为主。在森林生态系统中 90％的净生产是以腐食性食物链消耗的。

（3）寄生性食物链　寄生性食物链以活的动植物有机体为基础，再寄生以寄生生物，前者为后者的寄主，这是食物链中一种特殊的类型，如黄鼠-跳蚤-鼠疫病菌。

在各种类型的生态系统中，三种食物链几乎同时存在．各种食物链相互配合，保证了能量流动在生态系统内畅通。

食物链在各个生态系统中都不是恒定不变的。动物个体发育的不同阶段食性会发生改变；某些动物在不同季节中，食性也会发生改变；由于自然界食物条件的改变引起主要食物组成的改变等，都会引起食物链的改变。因此食物链往往具有暂时性。食物链在某一环节的变化，往往会引起整个食物链的变化，甚至影响生态系统的结构。

一个生态系统中常存在着许多条食物链，由这些食物链彼此相互交错联结成的复杂营养关系为食物网。食物网能直观地描述生态系统的营养结构，是进一步研究生态系统功能的基础。例如，为杀灭害虫而使用 DDT 等农药，对生态系统中可能波及的生物及 DDT 在系统中的转移，可通过食物网结构进行预估。

在生态系统中生物之间实际的取食和被取食关系并不像食物链所表达的那么简单，食虫鸟不仅捕食瓢虫，还捕食蝶蛾等多种无脊椎动物，而且食虫鸟本身不仅被鹰隼捕食，而且也是猫头鹰的捕食对象，甚至鸟卵也常常成为鼠类或其他动物的食物。可见，在生态系统中的生物成分之间通过能量传递关系存在着一种错综复杂的普遍联系，这种联系像是一个无形的网把所有生物都包括在内，使它们彼此之间都有着某种直接或间接的关系，这就是食物网（food web）的概念。

2. 营养级

在生态系统的食物网中，凡是以相同的方式获取相同性质食物的植物类群和动物类群可分别称作一个营养级。在食物网中从生产者植物起到顶部肉食动物止，即在食物链上凡属同一级环节上的所有生物种就是一个营养级。

营养级是为了解生态系统的营养动态，对生物作用类型所进行的一种分类，是由 R. L. Lindeman（1942）提出的。作为生产者的绿色植物和所有自养生物都处于食物链的起点，共同构成第一营养级。所有以生产者（主要是绿色植物）为食的动物都处于第二营养级，即食草动物营养级。第三营养级包括所有以植食动物为食的食肉动物。依此类推，还会有第四营养级和第五营养级。由于能量流动在通过各营养级时会急剧减少，所以食物链不可能太长，生态系统中的营养级也不会太长，一般只有四级或五级，很少有超过六级的。低位营养级是高位营养级的营养及能量的供应者，但低位营养级的能量仅有 10% 左右能被上一营养级利用。为了保证生态系统中能量的流通，自然界就形成了生物数量金字塔、生物量金字塔和生产力金字塔等。在寄生性食物链上，生物数量往往呈倒金字塔形。在海洋中的浮游植物与浮游动物之间，其生物量也往往呈倒金字塔形。

一般来说，营养级的位置越高，归属于这个营养级的生物种类、数量和能量就越少，当某个营养级的生物种类、数量和能量少到一定程度的时候，就不可能再维持另一个营养级的存在了。

从生产者算起，经过相同级数获得食物的生物称为同营养级生物，但是在群落或生态系统内其食物链的关系是复杂的，除生产者和限定食性的部分植食性动物外，其他生物大多数或多或少地属于 2 个以上的营养级，同时它们的营养级也常随年龄和条件而变化。例如，宽鳍鱲同时以昆虫和藻类为食。又如，香鱼随着其生长，从次级消费者变为初级消费者：在苗种阶段为动物食性，随着个体发育而转为植物食性兼杂食性。仔鱼摄食枝角类和桡足类及其他小型甲壳类，一直持续到溯河洄游。在游进河川行程中，摄食器官发生演变，摄食逐步改为低等藻类。

（二）生态系统中的能量流动

所有生物的各种生命活动，都需要消耗能量。能量在流动过程中也会由一种形式转变成另一种形式，在转变过程中既不会消失，也不会增加。能量的传递是按照从集中到分散，从能量高到能量低的方向进行的，在传递过程中又总会有一部分成为无用的能释放。

生态系统中全部生命活动所需要的能量最初均来自太阳。太阳能被生物利用，是通过绿色植物的光合作用实现的。能量流动的起点主要是生产者通过光合作用所固定的太阳能（还有化学能自养型生物通过化学能改变生产的能量）。流入生态系统的总能量主要是生产者通过光合作用所固定的太阳能的总量。能量流动的渠道是食物链和食物网。流入一个营养级的能量是指被这个营养级的生物所同化的能量。如羊吃草，不能说草中的能量都流入了羊体内，流入羊体内的能量应是指草被羊消化吸收后转变成羊自身的组成物质中所含的能量，而未被消化吸收的食物残渣的能量则未进入羊体内，不能算流入羊体内的能量。一个营养级的生物所同化的能量一般用于 4 个方面：一是呼吸消耗；二是用于生长、发育和繁殖，也就是储存在构成有机体的有机物中；三是死亡的遗体、残落物、排泄物等被分解者分解掉；四是流入下一个营养级的生物体内。在生态系统内，能量流动与碳循环是紧密联系在一起的。

能量流动的特点是单向流动和逐级递减。单向流动是指生态系统的能量流动只能从第一营养级流向第二营养级，再依次流向后面的各个营养级。一般不能逆向流动，这是由动物之间的捕食关系决定的。如狼捕食羊，但羊不能捕食狼。逐级递减是指输入到一个营养级的能量不可能百分之百地流入后一个营养级，能量在沿食物链流动的过程中是逐级减少的。能量沿食物链传递的平均效率为 $10\% \sim 20\%$，即一个营养级中的能量只有 $10\% \sim 20\%$ 的能量被下一个营养级所利用。

在能量流动过程中，能量的利用效率就叫生态效率。能量的逐级递减基本上是按照"十分之一定律"进行的，也就是说，从一个营养级到另一个营养级的能量转化率为 10%，能量流动过程中有 90% 的能量被损失掉了，这就是营养级一般不能超过 5 级的原因。

（三）生态系统中的物质循环

生命的维持不但需要能量，而且也依赖于各种化学元素的供应。如果说生态系统中的能量来源于太阳，那么物质则是由地球供应的。生态系统从大气、水体和土壤等环境中获得营养物质，通过绿色植物吸收，进入生态系统，被其他生物重新利用，最后再归还于环境中，此为物质循环，又称生物地球化学循环。

碳、氢、氧、氮、磷、硫是构成生命有机体的主要物质，也是自然界中的主要元素，因此这些物质的循环是生态系统基本的物质循环。钙、镁、钾、钠等是生命活动需要的大量元素，而锌、铜、硼、锰、钼、钴、铝、铬、氟、碘、硒、硅、锶、钛、钒、锡、镓等是生命需要的微量元素。它们在生态系统中也构成各自的循环。

各种元素在环境中都存在一个或多个贮库。元素在贮库中的数量大大超过结合于生物体中的数量，从贮库向外释放的速度往往很慢。若将某物质的库量与流通率之比称为周转时间，表示其在该库中更新一次所需要的时间，则水在大气库中的周转时间是 10.5 天，氮在大气库中的周转时间是近 100 万年，硅在海洋库中的周转时间是 800 年，钠在海洋库中的周转时间是 2.06 亿年。

物质在库与库之间的转移，就是物质流动，这种物质流动构成的循环，即称为物质循环。根据贮库性质的不同，生物地球化学循环又可分为三种类型，即水循环、气体型循环和沉积型循环。气态型循环的主要贮库是大气，元素在大气中也以气态出现，如碳、氮的循环。沉积型循环的主要贮库是土壤、岩石和地壳，元素以固态出现，如磷的循环。

1. 水循环

水由氢和氧组成，是生命过程氢的主要来源。一切生命有机体的主要成分都是由水组成的。水又是生态系统中的能量流动和物质循环的介质，整个生命活动就是处在无限的水循环之中的。地球上的水分布在海洋、湖泊、沼泽、河流、冰川、雪山，以及大气、生物体、土壤和地层。水的总量约为 1.4×10^{13} m³，其中 96.5% 在海洋中，约覆盖地球总面积的 70%。陆地上、大气和生物体中的水只占很少一部分。

水循环的动力是太阳辐射。水循环主要是在地表水的蒸发与大气降水之间进行的。海洋、湖泊、河流等地表水通过蒸发，进入大气；植物吸收到体内的大部分水分通过蒸发和蒸腾作用，也进入大气。在大气中水分遇冷，形成雨、雪、雹，重新返回地面，一部分直接落入海洋、河流和湖泊等水域中；一部分落到陆地表面，渗入地下，形成地下水，供植物根系吸收；另一部分在地表形成径流，流入河流、湖泊和海洋。如图 2-3 所示。

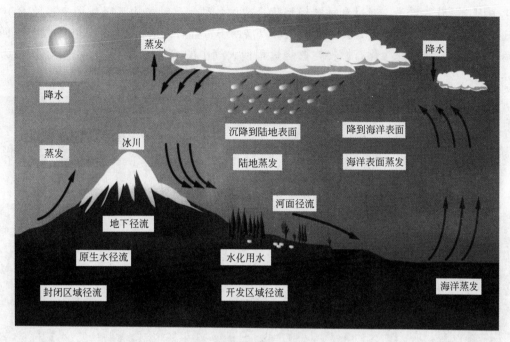

图 2-3　水循环示意图

水循环的主要作用表现在以下三个方面：

① 水是所有营养物质的介质，营养物质的循环和水循环不可分割地联系在一起；

② 水对物质是很好的溶剂，在生态系统中起着能量传递和利用的作用；

③ 水是地质变化的动因之一，一个地方矿质元素的流失，而另一个地方矿质元素的沉积往往要通过水循环来完成。

水循环是联系地球各圈和各种水体的"纽带"，是"调节器"，它调节了地球各圈层之间的能量，对冷暖气候变化起到了重要的作用。水循环是"雕塑家"，它通过侵蚀、搬运和堆积，塑造了丰富多彩的地表形象。水循环是"传输带"，它是地表物质迁移的强大动力和主要载体。更重要的是，通过水循环，海洋不断向陆地输送淡水，补充和更新陆地上的淡水资源，从而使水成为了可再生的资源。

2. 碳循环

碳是一切生物体中最基本的成分，有机体干重的 45％以上是碳。在无机环境中，碳主要以二氧化碳和碳酸盐的形式存在。碳的主要循环形式是从大气的二氧化碳贮库开始，经过生产者的光合作用，把碳固定，生成糖类，然后经过消费者和分解者，在呼吸和残体腐败分解后，再回到大气贮库中。

植物通过光合作用，将大气中的二氧化碳固定在有机物中，包括合成多糖、脂肪和蛋白质，而储存于植物体内。食草动物吃了以后经消化合成，通过一个一个营养级，再消化再合成。在这个过程中，部分碳又经过呼吸作用回到大气中；另一部分成为动物体的组分；动物排泄物和动植物残体中的碳，则由微生物分解为二氧化碳，再回到大气中。大气圈、水圈和生物圈（包括生物体）中的碳含量虽然较小，但很活跃，交换迅速，被称为碳循环的交换库或循环库，碳的循环就是在这些贮库之间进行的。

除了大气，碳的另一个贮库是海洋，它的含碳量是大气的 50 倍，更重要的是海洋对调节大气中的含碳量起着重要的作用。在水体中，同样由水生植物将大气中扩散到水上层的二氧化碳固定转化为糖类，通过食物链经消化合成、各种水生动植物呼吸作用又释放 CO_2 到大气。动植物残体埋入水底，其中的碳也可以借助于岩石的风化和溶解、火山爆发等返回大气圈。有的部分则转化为化石燃料，燃烧过程使大气中的 CO_2 含量增加。图 2-4 所示为碳循环示意。

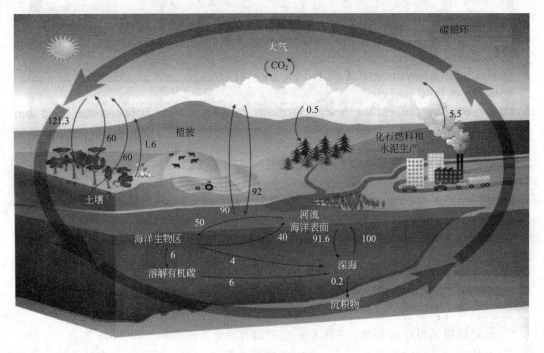

图 2-4　碳循环示意图

由于人为活动向大气中输入了大量的 CO_2，而森林面积又不断缩小，大气中被植物利用的 CO_2 量越来越少，结果使大气中 CO_2 的浓度有了显著增加。如不采取有效措施，由此将产生全球气候变暖的"温室效应"。由温室效应而导致地球气温逐渐上升，引起未来的全球性气候改变，促使南北极冰雪融化，使海平面上升，将会淹没许多沿海城市和广大陆地，对地球上生物的影响同样不可忽视。

3. 氮循环

氮是生物的必需元素，是各种氨基酸和蛋白质的构成元素之一。虽然大气化学成分中氮的含量非常丰富，有 78% 为氮，然而氮是一种惰性气体，植物不能直接利用。因此，大气中的氮对生态系统来讲，不是决定性库，必须通过固氮作用经游离氮与氧结合成为硝酸盐或亚硝酸盐，或与氢结合成氨才能为大部分生物所利用，参与蛋白质的合成。因此，氮被固定后，才能进入生态系统，参与循环。

固氮作用主要通过四种途径实现：一是生物固氮，是最重要的固氮途径，大约占地球固氮的 90%。能够进行固氮的生物主要是固氮菌，与豆科植物共生的根瘤菌和蓝藻等自养和异养微生物。在潮湿的热带雨林中生长，树叶和附着在植物上的藻类和细菌也能固定相当数量的氮，其中一部分固定的氮为植物本身所利用。二是工业固氮，是人类通过工业手段，将大气中的氮合成氨和铵盐，即合成氮肥，供植物利用。三是岩浆固氮，火山爆发时喷出的岩浆，可以固定一部分氮。四是通过闪电、宇宙射线、陨石和火山爆发活动等的高能固氮，其结果形成氨或硝酸盐，随着降雨到达地球表面。

氮是构成蛋白质和核酸必不可少的元素，是植物生长中最重要的元素之一。在一个生态系统中，参与循环的氮元素量的多少将直接影响植物的生产量。但是，植物不能直接从大气中摄取氮素，而是吸收经自然作用形成的硝酸盐氮或氨，或者被固氮微生物作用形成的可吸收氮。土壤中的 NH_3 和 NH_4^+ 经硝化细菌的硝化作用，形成亚硝酸或亚硝酸盐，被植物利用，在植物体内再与复杂的含碳分子结合成各种氨基酸，构成蛋白质。动物直接或间接以植物为食，从植物体中摄取蛋白质，作为自己蛋白质组成的来源。动物在新陈代谢过程中，将一部分蛋白质分解，形成氨、尿素、尿酸等排入土壤。动植物遗体在土壤微生物作用下，分解成 NH_3、CO_2、H_2O，其中 NH_3 也进入土壤。土壤中的 NH_3 形成硝酸盐，一部分重新被植物所利用，另一部分在反硝化细菌作用下，分解成游离氮进入大气，完成了氮的循环。因此，含氮有机物的转化和分解过程主要包括有氨化作用、硝化作用和反硝化作用。

自然生态系统中，一方面通过各种固氮作用使氮素进入物质循环，另一方面又通过反硝化作用等使氮素不断重返大气，从而使氮的循环处于一种平衡状态。

在氮循环中，由于人类活动的影响使停留在地表的氮进入了江河湖泊或沿海水域，是造成地表水体出现富营养化的重要原因之一。另外，在大气圈中有一部分氮氧化物与碳氢化物等经光化学反应，形成光化学烟雾，对生物和人类造成危害。

4. 硫循环

硫在有机体内含量较少，但却十分重要。硫是蛋白质的原料，是基本成分，没有硫就不可能形成蛋白质。

硫循环既属沉积型，也属气体型。硫的主要贮库是岩石，以硫化亚铁（FeS）的形式存在。硫循环有一个长期沉积阶段和一个较短的气体阶段。在沉积阶段中硫被束缚在有机和无机的沉积物中，只有通过风化和分解作用才能被释放出来，并以盐溶液的形式被携带到陆地和水生生态系统。在气体阶段，硫可在全球范围内进行流动。

硫进入大气有几条途径：燃烧矿石燃料、火山爆发、海面散发和在分解过程中释放气体。煤和石油中都含有较多的硫，燃烧时硫被氧化成二氧化硫进入大气。SO_2 可溶于水，随降水到达地面成为弱硫酸。硫成为溶解状态就能被植物吸收、利用，转化为氨基酸的成分。然后以有机形式通过食物链移动。最后随着动物排泄物和动植物残体的腐烂、分解，硫酸盐又被释放出来，回到土壤或水体底部，通常可被植物再利用，但也可能被厌氧水生细菌还原成 H_2S，把硫释放出来。

由于硫在大气中滞留的时间短，硫的全年大气收支可以认为是平衡的。也就是说，在任何一年间，硫进入大气的数量大致等于离开的数量。然而，硫循环的非气体部分，在目前还处于不完全平衡的状态，因为，经有机沉积物的埋藏进入岩石圈的硫少于从岩石圈输出的硫。人类对硫循环的干扰，主要是化石燃料的燃烧，向大气排放了大量的 SO_2。据统计，人类每年向大气输入的 SO_2 达 $1.47×10^8 t$，其中 70% 来源于煤的燃烧。硫进入大气，不仅给生物和人体健康带来直接危害，而且还会形成酸雨，使地表水和土壤酸化，给生物尤其是人类的生存造成更大的威胁。

5. 磷循环

磷是构成核苷酸和核酸的重要物质，也是植物获取和释放能量不可缺少的元素。磷在生态系统中的循环不同于碳和氮，是典型的沉积型循环。磷的主要来源是磷酸盐岩石和沉积物、鸟粪层及动物化石。通过天然侵蚀和人工开采，磷以矿物的形式进入水体的食物链。经过短期循环后最终大部分流失在深海沉积层中。

在陆地生态系统中，植物吸收无机磷参与蛋白质和核酸的组成，并转化为有机态，进而为一系列消费者利用并逐级转移。当植物死亡后，其体内含磷的有机物被微生物分解，转变为可溶性磷酸盐，以供植物利用或由流水带入水环境。在这一循环中，磷很少流出系统之外，是一种主要参与生物小循环的物质。在磷循环中，腐殖质和微生物能够调节植物群落的磷供应，从而也对整个生物群落的供磷起调节作用。

在生态系统物质循环中，水的循环最为重要。水是生物体内含量最多的组分，人体质量的 60%、植物质量的 95%、禾本科植物的 79% 都是水。水参与地球化学大循环，也参与生物小循环，起着巨大的气候调节、物质输送和生理生态作用。

参与生态系统物质循环的元素除 C、N、P、H、O、S 以外，还有 K、Ca、Mg。其他的生命必需元素如 B、Zn、Cu、Co、Mo、V、Cl 等，还有 Fe 和 Mn，其需求量居中；有些元素植物需求少，但动物却绝对需要，如 Na。

（四）生态系统中的信息联系

信息是指系统传输和处理的对象。在生态系统的各组成部分之间及各组成部分的内部，存在着各种形式的信息联系，以这些信息使生态系统联系成为一个有机的统一整体。生态系统中的信息形式主要有物理信息、化学信息、行为信息和营养信息。

1. 物理信息

生态系统中以物理过程为传递形式的信息称为物理信息。生态系统中的各种声音、颜色、光、电等都是物理信息。鸟鸣、兽吼可以传达惊慌、安全、警告、嫌恶、有无食物和要求配偶等各种信息。大雁迁飞时，中途停歇，总会有一只"哨兵"担任警戒，一旦"哨兵"发现"敌情"，即会发出一种特殊的鸣声，向同伴传达出敌袭的信息，雁群即刻起飞。昆虫可以根据花的颜色判断食物——花蜜的有无。对于以浮游藻类为食的鱼类，由于光线越强，食物越多，所以光可以传递有食物的信息。

2. 化学信息

生态系统的各个层次都是生物代谢产生的化学物质参与传递信息、协调各种功能，这种传递信息的化学物质通称为信息素。信息素虽然量不多，却涉及从个体到群落的一系列活动。化学信息是生态系统中信息流的重要组成部分。

① 动物与植物间的化学信息。植物的气味是由化合物构成的。不同的动物对气味有不同的反应。蜜蜂取食和传粉，除与植物花的香味、花粉和蜜的营养价值紧密相关外，还与花蕊中含有昆虫的性信息素成分有关。

② 动物之间的化学信息。某些高等动物以及社会性和群居性昆虫，在遇到危险时，能释放出一种或数种化合物作为信号，以警告种内其他个体有危险来临，这类化合物叫做报警信息素。如七星瓢虫捕食棉蚜虫时，被捕食的蚜虫会立即释放警告信息素，于是周围的蚜虫纷纷逃跑。另外许多动物能向体外分泌性信息素来吸引异性。

③ 植物之间的化学信息。在植物群落中，一种植物通过某些化学物质的分泌和排泄而影响另一种植物的生长甚至生存的现象是很普遍的。人们早就注意到，有些植物分泌化学亲和物质，使其在一起相互促进，如作物中的洋葱与食用甜菜、马铃薯和菜豆、小麦和豌豆种在一起能相互促进。

3. 行为信息

许多植物的异常表现和动物异常行动传递了某种信息，可统称为行为信息。如蜜蜂发现蜜源时，就有舞蹈动作的表现，以"告诉"其他蜜蜂去采蜜。蜂舞中有各种形态和动作来表示蜜源的远近和方向，若蜜源较近时，蜜蜂作圆舞姿态，蜜源较远时，作摆尾舞。其他工蜂则以触觉来感觉舞蹈的步伐，得到正确飞翔方向的信息。又如燕子在求偶时，雄燕会围绕雌燕在空中做出特殊的飞行形式。

4. 营养信息

在生态系统中生物的食物链就是一个生物的营养信息系统，各种生物通过营养信息关系联系成一个相互依存和相互制约的整体。食物链中的各级生物要求一定的比例关系，即生态金字塔规律。养活一只草食动物需要几倍于它的植物，养活一只肉食动物需要几倍数量的草食动物。前一个营养级的生物数量反映出后一营养级的生物数量。如在草原牧区，草原的载畜量必须根据牧草的生长量而定，使牲畜数量与牧草产量相适应。如果不顾牧草提供的营养信息，超载过牧，就必定会因牧草饲料不足而使牲畜生长不良和引起草原退化。

第二节　生态平衡

一、生态平衡的概念及特点

1. 生态平衡的概念

生态平衡（ecological balance）是指在一定时间内生态系统中的生物和环境之间、生物各个种群之间，通过能量流动、物质循环和信息传递，达到高度适应、协调和统一的状态。也就是说当生态系统处于平衡状态时，系统内各组成成分之间保持一定的比例关系，能量、物质的输入与输出在较长时间内趋于相等，结构和功能处于相对稳定状态，在受到外来干扰时，能通过自我调节恢复到初始的稳定状态。在生态系统内部，生产者、消费者、分解者和非生物环境之间，在一定时间内保持能量与物质输入、输出动态的相对稳定状态。

像自然界任何事物一样，生态系统也处在不断变化发展之中，实际上它是一种动态系统。大量事实证明，只要给予足够的时间和在外部环境保持相对稳定的情况下，生态系统总是按照一定规律向着组成、结构和功能更加复杂化的方向演进的。在发展的早期阶段，系统的生物种类成分少，结构简单，食物链短，对外界干扰反应敏感，抵御能力小，所以是比较脆弱而不稳定的。当生态系统逐渐演替进入到成熟时期，生物种类多，食物链较长，结构复杂，功能效率高，对外界的干扰压力有较强的抗御能力，因而稳定程度高。这是由于系统经过长期的演化，通过自然选择和生态适应，各种生物都占据有一定的生态位，彼此间关系比较协调而依赖紧密，并与非生物环境共同形成结构较为完整、功能比较完善的自然整体，外来生物种的侵入比较困难；此时，还由于复杂的食物网结构使能量和物质通过多种途径进行流动，一个环节或途径发生了损伤或中断，可以由其他方面的调节所抵消或得到缓冲，不致使整个系统受到伤害。所以，生态系统的生物种类越多，食物网和营养结构越复杂便越稳定。即生态系统的稳定性是与系统内的多样性和复杂性相联系的。

当生态系统处于相对稳定状态时，生物之间和生物与环境之间出现高度相互适应，种群结构与数量比例持久地没有明显变动，生产与消费和分解之间，即能量和物质的输入与输出之间接近平衡，同时结构与功能之间相互适应并获得最优化的协调关系，这种状态就叫做生态平衡或自然界的平衡，当然这种平衡是动态平衡。在自然界中，不论是森林、草原、湖泊等都是由动物、植物、微生物等生物成分和光、水、土壤、空气、温度等非生物成分所组成的。每一个成分都并非是孤立存在的，而是相互联系、相互制约的统一综合体。它们之间通过相互作用达到一个相对稳定的平衡状态，称为生态平衡。实际上也就是在生态系统中生产、消费、分解之间保持稳定。如果其中某一成分过于剧烈地发生改变，都可能出现一系列的连锁反应，使生态平衡受到破坏。如果某种化学物质或某种化学元素过多地超过了自然状态下的正常含量，也会影响生态平衡。

生态平衡是生物维持正常生长发育、生殖繁衍的根本条件，也是人类生存的基本条件。生态平衡遭到破坏，会使各类生物濒临灭绝。20 世纪 70 年代末期，两栖动物的数量开始锐减，到了 1980 年已有 129 个物种灭绝。2005 年初，一份全球两栖动物调查报告《全球两栖动物评估》显示，目前所知的全球 5743 种两栖动物有 32％都处于濒危境地。但是科学家还不清楚为什么会导致两栖动物如此锐减，目前主要的理论根据就是栖息地减少。

2. 生态平衡的特点

生态平衡有如下特点。

① 生态平衡是一种动态的平衡而不是静态的平衡。这是因为变化是宇宙间一切事物的最根本的属性，生态系统这个自然界复杂的实体，当然也处在不断变化之中。例如生态系统中的生物与生物、生物与环境以及环境各因子之间，不停地在进行着能量的流动与物质的循环；生态系统在不断地发展和进化——生物量由少到多、食物链由简单到复杂、群落由一种类型演替为另一种类型等；环境也处在不断变化中。因此，生态平衡不是静止的，总会因系统中某一部分先发生改变，引起不平衡，然后依靠生态系统的自我调节能力使其又进入新的平衡状态。正是这种从平衡到不平衡到又建立新的平衡的反复过程，推动了生态系统整体和各组成部分的发展与进化。

② 生态平衡是一种相对平衡而不是绝对平衡。因为任何生态系统都不是孤立的，都会与外界发生直接或间接的联系，会经常遭到外界的干扰。生态系统对外界的干扰和压力具有一定的弹性，其自我调节能力也是有限度的，如果外界干扰或压力在其所能忍受的范围之内，当这种干扰或压力去除后，它可以通过自我调节能力而恢复；如果外界干扰或压力超过了它所能承受的极限，其自我调节能力也就遭到了破坏，生态系统就会衰退，甚至崩溃。通常把生态系统所能承受压力的极限称为"阈限"，例如，草原应有合理的载畜量，超过了最大适宜载畜量，草原就会退化；森林应有合理的采伐量，采伐量超过生长量，必然引起森林的衰退；污染物的排放量不能超过环境的自净能力，否则就会造成环境污染，危及生物的正常生活，甚至死亡等。

如果生态系统受到外界干扰超过它本身自动调节的能力，会导致生态平衡的破坏。生态平衡是生态系统在一定时间内结构和功能的相对稳定状态，其物质和能量的输入输出接近相等，在外来干扰下能通过自我调节（或人为控制）恢复到原初的稳定状态。当外来干扰超越生态系统的自我控制能力而使其不能恢复到原初状态时称为生态失调或生态平衡的破坏。生态平衡是动态的，维护生态平衡不只是保持其原初稳定状态，生态系统可以在人为有益的影响下建立新的平衡，达到更合理的结构、更高效的功能和更好的生态效益。

所谓"生态平衡"，是指一个生态系统在特定时间内的状态。在这种状态下，其结构和功能相对稳定，物质与能量输入输出接近平衡，在外来干扰下，通过自我调控能恢复到最初的稳定状态。也就是说，生态平衡应包括三个方面，即结构上的平衡，功能上的平衡，以及物质输入与输出数量上的平衡。生态系统可以忍受一定程度的外界压力，并且通过自我调控机制而恢复其相对平衡。超出此限度，生态系统的自我调节机制就降低或消失，这种相对平衡就遭到破坏甚至使系统崩溃，这个限度就称为"生态阈值"。生态阈值的大小决定于生态系统的成熟性，系统越成熟，阈值越高；反之，系统结构越简单、功能效率不高，对外界压力的反应越敏感，抵御剧烈生态变化的能力越脆弱，阈值就越低。

二、生态平衡的调节机制

生态系统具有趋向于达到一种稳态或平衡态的特点，使系统内的所有成员彼此相互协调，这种平衡状态是靠一种自我调节过程来实现的，借助于这种调节过程，各成分都能使自己适应于物质和能量输入和输出的变化。如某一生境的动物数量决定于这个生境中的食物数量，最终这两种成分将会达到一种平衡。如果因为某种原因（如雨量减少）使食物产量下降，因而只能维持比较少的动物存在，那么这两种成分之间的平衡就被打破了，这时动物种群就不得不借助于饥饿和迁徙加以调整，以便使两者达到新的平衡。

生态系统平衡的另一种调节方式是一种反馈调节机制。所谓反馈，是指系统中某一成分发生变化的时候，它必然会引起其他成分出现一系列的相应变化。这些变化又反过来影响最初发生变化的那种成分，这种现象称为反馈。反馈有两种，正反馈和负反馈。生态系统达到和保持平衡或稳态，反馈的结果是抑制或减弱最初发生变化的那种成分所发生的变化。如草原上的食草动物因为迁入而增加，植物就会因过度啃食而减少，植物数量下降后，反过来就会抑制动物的数量。

三、生态平衡的破坏因素

生态平衡的破坏有自然原因，也有人为的因素。

1. 自然原因

自然原因主要是指自然界发生的异常变化或自然界本来就存在的对人类和生物的有害因素。如火山爆发、山崩海啸、水旱灾害、地震、台风、流行病等自然灾害，都会使生态平衡遭到破坏。例如秘鲁海面，每隔6～7年就发生一次海洋变异现象，结果使一种来自冷洋流的鄂鱼大量死亡。鱼类的死亡又使吃鱼类的海鸟失去食物而无法生存。此外，海鸟的大量死亡使鸟粪锐减，又引起以鸟粪为肥料的当地农田因缺肥而减产。

2. 人为因素

人为因素主要指人类对自然资源的不合理利用、工农业发展带来的环境污染等问题。

（1）物种改变引起平衡的破坏　人类有意或无意地使生态系统中某一种生物消失或往其中引进某一种生物，都可能对整个生态系统造成影响。例如，澳大利亚原来没有兔子，1859年一个名叫托马斯·奥斯京的大财主从英国带回24只兔子，放养在自己的庄园里供打猎用。引进后，由于没有天敌予以适当限制，致使兔子大量繁殖，在短短的时间内，繁殖的数量惊人，兔子遍布数千万亩田野，在草原上每年以113km的速度向外蔓延。该地区原来长满的青草和灌木，全被吃光，再不能放牧牛羊，田野一片光秃，土壤无植物保护而被雨水侵蚀，给农作物造成的损失，每年多达1亿美元，生态系统受到严重破坏。澳大利亚政府曾鼓励大量捕杀，但不见效果，最后不得不引进一种兔子的传染病，使兔群大量死亡，总算一度将兔子的生态危机控制住了。但好景不长，由于一些兔子产生了抗体，在"浩劫"中幸存下来，又开始了更大规模的繁殖。据1993年2月报载，澳大利亚的兔子已多达4亿多只。另外，滥猎滥捕鸟兽、收割式砍伐森林，都会因某物种的数量减少或灭绝而使生态平衡破坏。

（2）环境因素改变引起平衡的破坏　工农业的迅速发展，有意或无意地使大量污染物质进入环境，从而改变了生态系统的环境因素，影响整个生态系统，甚至破坏生态平衡。如由于空气污染、热污染、除草剂和杀虫剂的使用、化肥的流失、土壤侵蚀或未处理的污水进入环境而引起富营养化等原因，会改变生产者、消费者和分解者的种类与数量并破坏生态平衡。

（3）信息系统的破坏　许多生物在生存的过程中，都能释放出某种信息用以驱赶天敌、排斥异种或取得直接或间接的联系以繁殖后代。例如某些动物在生殖时期，雌性个体会排出一种性信息素，靠这种信息素引诱雄性个体来繁殖后代。但是，如果人们排放到环境中的某些污染物质与某一种动物排放的性信息素反应，使其丧失引诱雄性个体作用时，就会破坏这种生物的繁殖，改变生物种群的组成结构，使生态平衡受到影响。生态平衡的破坏往往由于人类的无知和贪婪，不了解或不顾生态系统的复杂机理而盲目采取行动所致。

第三节　生态学在环境保护中的应用

生态学是环境科学重要的理论基础之一。环境科学在研究人类生产、生活与环境的相互关系时，就常用生态学的基础理论和基本规律。以生态学基本理论为指导建立的生物监测、生物评价是环境监测与环境评价的重要组成部分；以生态学基础理论为指导建立的生物工程净化措施，也是环境治理的重要手段。城市与农村生态规划的制定，也必须以生态学的基础理论为指导。

一、监测环境质量

生物监测是利用生物个体、种群或群落对环境污染状况进行监测，生物在环境中所承受的是各种污染因子的综合作用，它能更真实、更直接地反映环境污染的客观状况。凡是对污染物敏感的生物种类都可作为监测生物。如地衣、苔藓和一些敏感的种子植物可监测大气；一些藻类、浮游动物、大型底栖无脊椎动物和一些鱼类可监测水体污染；土壤藻类和螨类可监测土壤污染。生物层发出的各种信息，即生物对各种污染物的反应，包括受害症状、生长发育受阻、生理功能改变、形态解剖变化，以及种群结构和数量变化等，通过这些反应的具体体现，可以判断污染物的种类，通过反应的受害程度确定污染等级。

生物评价，是指用生物学方法按一定标准对一定范围内的环境质量进行评定和预测。通常采用的方法有指示生物法、生物指数法和种类多样性指数法等。利用细胞学、生物化学、生理学和毒理学等手段进行评价的方法，也在逐渐推广和完善。生物评价的范围可以是一个厂区，一座城市，一条河流，或一个更大的区域。生物监测和生物评价具有的优点是：①综合性和真实性；②长期性；③灵敏性；④简单易行。

二、研究污染物在环境中的迁移规律

污染物在环境中的迁移规律即污染物在环境中所发生的空间位置的移动及其所引起的富集、分散和消失的过程。污染物在环境中迁移常伴随着形态的转化。如通过废气、废渣、废液的排放，农药的施用以及汞矿床的扩散等各种途径进入水环境的汞（Hg），会富集于沉积物中。元素汞由于相对密度大，不易溶于水，在靠近排放处便沉淀下来，二价汞离子在迁移过程中能被底泥和悬浮物中的黏粒所吸附，随同它们逐渐沉淀下来。富集于沉积物中的各种形态的汞又可能转化为二价汞。二价汞离子在微生物的作用下，被甲基化，生成甲基汞（CH_3Hg^+）和二甲基汞$[(CH_3)_2Hg]$。甲基汞溶于水中，可富集在藻类、鱼类和其他水生生物中。二甲基汞则通过挥发作用扩散到大气中去。二甲基汞在大气中并不是稳定的，在酸性条件下和在紫外线作用下将被分解。如果被转化为元素汞，又可能随降雨一起降落到水体中或陆地上，元素汞可以进行全球性的迁移和循环。

（一）污染物在环境中的迁移方式

污染物在环境中的迁移主要有下述三种方式：机械迁移、物理-化学迁移和生物迁移。

（1）机械迁移 根据机械搬运营力又可分为：①水的机械迁移作用，即污染物在水体中的扩散作用和被水流搬运；②气的机械迁移作用，即污染物在大气中的扩散和被气流搬运；③重力的机械迁移作用。

（2）物理-化学迁移 对无机污染物而言，是以简单的离子、络离子或可溶性分子的形式在环境中通过一系列物理化学作用，如溶解-沉淀作用、氧化-还原作用、水解作用、络合和螯合作用、吸附-解吸作用等所实现的迁移。对有机污染物而言，除上述作用外，还有通过化学分解、光化学分解和生物化学分解等作用所实现的迁移。

物理-化学迁移又可分为：①水迁移作用，即发生在水体中的物理-化学迁移作用；②气迁移作用，即发生在大气中的物理-化学迁移作用。物理-化学迁移是污染物在环境中迁移的最重要的形式。这种迁移的结果决定了污染物在环境中的存在形式、富集状况和潜在危害程度。

（3）生物迁移 是污染物通过生物体的吸收、代谢、生长、死亡等过程所实现的迁移，是一种非常复杂的迁移形式，与各生物种属的生理、生化和遗传、变异等作用有关。某些生物体对环境污染物有选择吸取和积累作用，某些生物体对环境污染物有降解能力。生物通过食物链对某些污染物（如重金属和稳定的有毒有机物）的放大积累作用是生物迁移的一种重要表现形式。

（二）污染物在环境中迁移的制约因素

污染物在环境中的迁移受到两方面因素的制约：一方面是污染物自身的物理化学性质，另一方面是外界环境的物理化学条件和区域自然地理条件。

（1）内部因素 与迁移作用有关的污染物的物理化学性质主要是指组成该物质的元素所具有的组成化合物的能力、形成不同电价离子的能力、水解能力、形成络合物的能力和被胶体吸附的能力等。污染物的这些性质与组成该物质的元素的原子的构造，特别是核外电子层的构造有密切关系。原子的电负性、离子半径、电价、离子电位（电价与离子半径的比值）和化合物的键性和溶解度等是影响污染物迁移的最主要的物理化学参数。一般说来，由共价键键合的污染物（如 H_2S、CH_4 等）易进行气迁移，由离子键键合的污染物（如 $NaCl$、Na_2SO_4 等）易进行水迁移。低价离子的水迁移能力大于高价离子的迁移能力，由离子半径差别较大的离子构成的化合物迁移能力较强，由离子半径差别较小的离子构成的化合物迁移能力较弱。重金属离子由于有较高的离子电位，因而具有较强的水解能力。同时，重金属离子有彼此能量相似的 d、sn 和 np 等电子轨道，这些轨道有的本来就是空着的，有的可以经过"激发"而空出来，可容纳配位体所提供的孤对电子，因而易以络离子的形式进行迁移。

（2）外部因素 影响污染物迁移的外部因素主要是环境的酸碱条件、氧化还原条件、胶体的种类和数量、络合配位体的数量和性质等。环境的酸度和碱度对污染物的迁移有重大影响。大多数重金属在强酸性环境中形成易溶性化合物，有较高的迁移能力，而在碱性环境中则形成难溶化合物，难以迁移。所以酸性环境有利于钙、锶、钡、镭、铜、锌、镉、二价铁、二价锰和二价镍的迁移；碱性环境有利于硒、钼和五价钒的迁移。环境的氧化还原条件对污染物的迁移也有巨大影响。有些污染物在氧化环境中有较高的迁移能力，而有些污染物在还原环境中有较高的迁移能力。氧化环境有利于铬、钒、硫的迁移；还原环境有利于铁、锰等的迁移。

在自然环境中，所有影响污染物迁移的物理化学条件均受区域自然地理条件（气候、地形、水文、土壤等）的制约。其中气候条件对污染物迁移的影响最为明显，主要表现为两个最重要的气候因子——热量和水分之间的配合状况，直接影响污染物在环境中化学变化的强度和速度。另外，不同区域的土壤和水体具有不同的酸碱条件和氧化还原条件，具有不同种类和数量的胶体和络合配位体。

污染物在环境中的迁移直接影响环境质量，在有些情况下起好作用，在有些情况下起坏作用。简单的需氧有机污染物和酚、氰等毒物在迁移过程中被水流稀释扩散和被微生物分解、转化，终至消失，就是起好作用；而重金属（汞、镉等）和稳定的有机有毒物质（DDT、六六六等）在迁移过程中，或富集于底泥，成为具有长期潜在危害的污染源，或通过食物链富集于动、植物体内对人体产生慢性积累性危害，就是起坏作用。

（三）污染物在环境中迁移的研究方法

研究污染物在环境中的迁移可应用下列一些方法：物质追踪研究法、共轭对比研究法、现场试验研究法、模拟试验研究法等。

（1）物质追踪研究法　物质追踪研究法是在特定环境下，为达到某一特定目标所进行的对污染物的追踪采样法。如研究污染物在河流中的稀释扩散和降解作用时，可进行水团追踪取样分析。这种研究可以查明污染物在环境中的迁移速度、扩散范围和自然净化能力。

（2）共轭对比研究法　共轭对比研究法指在环境调查中对各种相关联的环境要素同时取样分析。如在对土壤-作物系统进行研究时，可同时采集不同层次的土样和生长在这种土壤上的作物的各个部位（根、茎、叶、果实等）的样品，进行对比分析研究。

（3）现场试验研究法　现场试验研究法是在现场环境中对污染物的迁移转化进行研究。如研究地表中的某种污染物通过土壤渗漏向地下水中转移的情况和速度，也可选择典型地段进行渗漏试验，追踪研究不同深度的土壤和渗漏水中污染物的浓度，从而了解这种污染物由地表水中向地下水中转移的可能性和速度。

（4）模拟试验研究法　模拟试验研究法是在实验室中设计某种环境条件所进行的试验研究。如在风洞中进行的烟气扩散实验，在光化学烟雾箱中进行的光化学烟雾生成机理的研究等。这种尽可能接近实际环境条件而各种参数又受人工严格控制的试验研究可以有效地探讨污染物在环境中的迁移转化状况。

现代分析测试技术的发展为研究污染物在环境中的迁移提供了基本手段。应用数学方程可以更完善地刻划污染物在环境中的迁移运动规律，有助于对这方面的问题进行预测预报。

三、利用生物净化原理治理环境污染

利用生物净化原理治理环境污染，比如，石油中含硫、含氮及有机烃等化合物是重要的环境污染源，破坏生态平衡，危害人类健康，科学家利用吞噬石油的细菌来分解废油。

（1）生物净化　生物净化是指生物体通过吸收、分解和转化作用，使生态环境中污染物的浓度和毒性降低或消失的过程。在生物净化中，绿色植物和微生物起着重要的作用。

绿色植物的净化作用主要体现在以下三个方面：第一，绿色植物能够在一定浓度范围内吸收大气中的有害气体。例如，$1hm^2$ 柳杉林每个月可以吸收 60kg 的二氧化硫。第二，绿色植物可以阻滞和吸附大气中的粉尘和放射性污染物。例如，$1hm^2$ 山毛榉林一年中阻滞和吸附的粉尘达 68t；又如，在有放射性污染的厂矿周围，种植一定宽度的林木，可以减轻放射性污染物对周围环境的污染。第三，许多绿色植物如悬铃木、橙、圆柏等，能够分泌抗生素，杀灭空气中的病原菌。因此，森林和公园空气中病原菌的数量比闹市区明显减少。总之，绿色植物具有多方面净化大气的作用，特别是森林，净化作用更加明显，是保护生态环境的绿色屏障。

（2）微生物的净化作用　污染物中往往含有大量的有机物。土壤和水体中有大量的细菌和真菌，这些微生物能够将许多有机污染物逐渐分解成无机物，从而起到生物净化作用。

　　自然界中不同的有机污染物，被微生物分解的情况不同：有些有机污染物比较容易分解，如人畜粪尿等；有些有机污染物比较难分解，如纤维素、农药等；有些有机污染物则不能被微生物分解，如塑料、尼龙等。

复习思考题

1. 试分析生态系统能保持动态平衡的原因。
2. 试述生态系统能量流动的特点。
3. 从能流的角度分析"一山不容两虎"。
4. 简述生态系统的调节机制。
5. 分析南极企鹅体内 DDT 出现的原因。

阅读材料

藏羚羊的命运

　　藏羚羊是人类的好朋友，它们生活在中国青藏高原（西藏、青海和新疆），有少量分布在印度拉达克地区，群居生活，被称为"可可西里的骄傲"，藏羚羊和大熊猫一样是珍稀动物，是我国一级保护动物，但是现在它的生存受到严重的威胁。

　　早在 20 世纪 80 年代，藏羚羊被确定为国家一级保护野生动物，严禁非法猎捕。但 1999 年 4 月，中国国家林业局森林公安局组织青海、新疆、西藏三省区的公安机关发起联合行动，打击盗猎藏羚羊的违法活动，抓获盗猎分子 71 人，收缴藏羚羊皮 1754 张，藏羚羊头骨 545 个，各种汽车 18 辆，子弹 12000 余发。人们还发现了 11 个巨大的藏羚羊的尸体堆，惨不忍睹。

　　非法分子大规模猎杀藏羚羊主要用它的毛做披肩，一条 2m×1.5m 披肩需要 3～5 只藏羚羊绒，质量只有 200g，价格可以卖到 15000～30000 美元，是富人、名人追求的时尚。在巨额暴利的驱使下，非法猎杀和走私活动屡禁不止。

　　在中国的青藏高原，驻扎着一支为保护野生动物而战斗的队伍。他们自 1992 年成立以来，与盗猎者进行了艰苦而顽强的斗争，近年来抓获了几百名盗猎分子，缴获羊皮 3000 多张。中国政府为了保护藏羚羊，先后建立了青海可可西里国家自然保护区、新疆阿尔金山国家自然保护区、西藏羌塘国家自然保护区，成立了专门的保护管理机构和执法队伍。社会上也越来越关注和声援保护藏羚羊的行动，民间环保组织"自然之友"和其他环境保护人士还发起了支援行动。一些环保艺人为了宣传保护藏羚羊，还拍摄了反映现实的著名电影《可可西里》。

　　许多人对藏羚羊所知不多，那么保护藏羚羊到底有什么现实意义呢？藏羚羊是生活在海拔最高地区的偶蹄类动物，历经数百万年的优化筛选，淘汰了许多弱者，成为"精选"而出的杰出代表。许多动物在海拔 6000m 的高度，不要说跑，就连挪动一步也要喘息不已，而藏羚羊在这一高度上，可以以 60km/h 的速度连续奔跑 20～30km，使猛兽望尘莫及。藏羚羊具有功能特别优良的器官，它们耐高寒、抗缺氧，食料要求简单，而且对细菌、病毒、寄生虫等疾病所表现出的高强抵抗能力也已超出人类对它们的估计，它们身上所包含的优秀动物基因，囊括了陆生哺乳动物的精华。根据目前人类的科技水平，还培育不出如此优秀的动物，若利用藏羚羊的优良品质基因做基因转移，将会使许多牲畜的基因得到改良。

因此，保护藏羚羊的意义绝不亚于保护国宝大熊猫。任何一个物种都是地球的财富，更是人类的伙伴，一定要避免当我们的后人需要了解藏羚羊时，却只剩下毛皮、标本和照片。如果那时真的只剩下毛皮、标本和照片，当看到这些仅存留下的东西时，人们心里又是作何感想呢？心痛、惋惜，都已经晚了。所以保护藏羚羊从现在做起，不要再让它受到伤害。

当这个物种就要灭绝的时候，全球范围的拯救行动开始了——藏羚羊与虎、象、熊猫、犀牛等一样被列入《国际濒危动植物种贸易公约》附录1中，其产品在世界各地被严格禁止贸易。世界著名时装大师、各界名流纷纷承诺决不使用或购买藏羚羊绒制品。在世界各方的努力和援助下，中国严厉打击盗猎、走私，取得明显成果。难得见到的藏羚羊群回来了，它们一起奔跑，一起玩耍，破败的家庭兴旺起来了。人们在它们栖息的地方修铁路、开金矿的时候也知道小心避开藏羚羊的必经之地了。由于各国齐心协力打击藏羚羊绒制品加上各大保护区齐心协力，从2006年开始至今可可西里未发生一起盗猎案件，如今在青藏公路可可西里境内，随处可以看见悠然觅食的藏羚羊，而这种景象在以前是根本看不到的。

参考文献

[1] 林肇信，刘天齐，刘逸农. 环境保护概论（修订版）[M]. 北京：高等教育出版社，1999.
[2] 蔡晓明. 生态系统生态学 [M]. 北京：科学出版社，2001.
[3] 李爱贞. 生态环境保护概论 [M]. 北京：气象出版社，2001.
[4] 桂和荣. 环境保护概论 [M]. 北京：煤炭工业出版社，2002.
[5] 刘芃岩. 环境保护概论 [M]. 北京：化学工业出版社，2010.
[6] 柳劲松，王丽华，宋秀娟 [M]. 北京：化学工业出版社，2003.
[7] 曲向荣. 环境学概论 [M]. 北京：北京大学出版社，2009.
[8] 王绍箔. 环境保护与现代生活 [M]. 北京：化学工业出版社，2009.
[9] 曲向荣. 环境保护概论 [M]. 沈阳：辽宁大学出版社，2007.
[10] 战友. 环境保护概论 [M]. 北京：化学工业出版社，2004.

第三章 大气污染及其防治

【内容提要】 本章主要介绍了大气的组成和结构，我国大气中的主要污染物、来源及其危害；重点介绍了影响大气污染的气象因素、大气污染的防治原则、常用的除尘装置及其工作原理、气态污染物的治理技术、排烟脱硫和排烟脱氮技术。

【重点要求】 了解大气污染的概念及空气质量标准；掌握大气的组成和结构，大气中的主要污染物、来源及危害，影响大气污染的气象因素，大气污染的防治原则，常用的除尘装置及排烟脱硫和排烟脱氮技术。

第一节 概 述

一、大气的组成

大气是围绕地球的空气包层，与海洋、陆地共同构成地球体系，是自然环境的重要组成部分，是人类赖以生存不可或缺的物质。空气的组成见表 3-1。

表 3-1 空气的组成

气体类别	含量(体积分数)/%	气体类别	含量(体积分数)/%
N_2	78.09	He	5.24×10^{-4}
O_2	20.95	H_2	0.5×10^{-4}
CO_2	0.03	Kr	1.0×10^{-4}
Ar	0.93	Xe	0.08×10^{-4}
Ne	18×10^{-4}	O_3	0.01×10^{-4}

由表 3-1 可见，空气主要是由 N_2、O_2 组成的，约占总含量的 99.04%。其他成分含量虽然少，但是也十分重要。例如臭氧仅含 0.01×10^{-4}%，但却很重要，它能吸收太阳的短波辐射，保护人类免受辐射危害。

大气是一种混合物，其组成又可分为恒定的、可变的和不定的组分。

1. 恒定组分（不变组分）

指大气中含有的氮、氧、氩及微量的氖、氦、氪、氙等稀有气体。其中 N_2、O_2、Ar 三种组分占大气总量的 99.97%。

2. 可变组分

指大气中的 CO_2、水蒸气等，这些气体的含量由于受地区、季节、气象以及人们生产和生活的影响而有所变化。

3. 不定组分（污染组分）

有时是由自然灾害引起的，主要是人类因素造成的。如颗粒、H_2S、SO_x、NO_x、盐类及恶臭气体等。

二、大气圈的组成及结构

大气圈简单地说就是随着地球旋转的大气层。在地理学上，通常把由于地心引力而随地球旋转的大气层叫作大气圈或大气层。通常把大气圈的厚度定为 1200～1400km。

根据大气圈在垂直方向上的温度变化、运动状态和组成的不同，可将其分为五层，依次为对流层、平流层、中间层、暖层（电离层）和外层（散逸层），如图 3-1 所示。

1. 对流层

对流层位于大气圈的最下端，是距离地面最近的一层。该层气温随高度的增加而递减，大约每上升 1km，气温下降 6℃。对流层的厚度随纬度的不同而不同，在赤道处为 16～18km，在中纬度约 10～12km，而在极地仅为 6～10km，其平均厚度约为 12km，空气质量大约占大气层质量的 3/4。由于该层气温下部高上部低，因此，较易产生强烈的对流运动，同时，由于大气环流等因素的影响，在该层会经常出现复杂的天气现象，另外由于距离地面最近，大气污染也主要发生在该层，所以，对流层与人类的活动最密切。

2. 平流层

平流层紧临着对流层，距地面大约 12～55km，下部为等温层，气温随高度的变化几乎不变，上部气温随高度的上升而升高。该层大气透明度好，气流比较稳定，平流运动占优势。因此，进入该层的污染物，扩散速度很慢，最长的能停留几十年，且易造成大范围以至全球性的污染。

3. 中间层

该层位于平流层的上部，高度大约离地

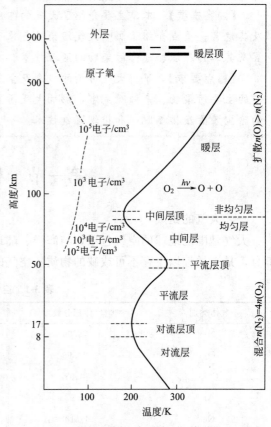

图 3-1　大气圈中温度、密度、
化学组成的垂直分布图

面 55～80km。气温随高度的增加而迅速下降，温度可降至 −83～−113℃。空气稀薄，有强烈的垂直对流运动。

对流层、平流层、中间层属于均质层，大气主要组成的比例几乎不变。

4. 暖层

位于中间层的上部，暖层的上界距离地球表面有 800 多千米。该层的下部基本上是由分子氮组成，上部由原子氧组成，该层又称为电离层。温度随高度的增加而迅速上升。

5. 外层

在大气圈的最外层，又称为散逸层。大气极为稀薄，气温高，分子运动速度快。

暖层和外层属于非均质层，大气的主要组成比例有很大的变化。

三、大气污染的概念及环境空气质量标准

1. 大气污染的概念

所谓大气污染是指由于人类活动或自然过程，向大气中排放的污染物超过了环境所允许的极限（环境容量），使大气质量恶化，人们的生产、生活、工作、身体健康和精神状态，以及设备财产等遭受到影响和破坏的现象。构成大气污染的过程分为如图 3-2 所示的三个环节。

图 3-2　大气污染过程

2. 大气污染的分类

① 根据污染范围，大气污染通常分为局域性大气污染、区域性大气污染、广域性大气污染以及全球性大气污染；

② 根据能源性质，大气污染可分为煤烟型大气污染、石油型大气污染和混合型大气污染；

③ 根据污染物的化学性质，大气污染可分为还原性大气污染（如煤炭型大气污染）、氧化性大气污染、汽车尾气污染等。

3. 环境空气质量标准

为贯彻《中华人民共和国环境保护法》和《中华人民共和国大气污染防治法》，保护和改善生活环境、生态环境，保障人体健康，2012 年国家环境保护部制定《环境空气质量标准》（GB 3095—2012），本标准适用于全国范围的环境空气质量评价和管理。

环境空气质量功能区分为两类：一类区为自然保护区、风景名胜区和其他需要特殊保护的区域；二类区为居住区、商业交通居民混合区、文化区、工业区和农村地区。一类区适用一级浓度限值，二类区适用二级浓度限值。一、二类环境空气功能区质量要求见表 3-2 和表 3-3。

表 3-2　环境空气污染物基本项目浓度限值

序号	污染物项目	平均时间	浓度限值		单位
			一级	二级	
1	二氧化硫（SO_2）	年平均	20	60	$\mu g/m^3$
		24 小时平均	50	150	
		1 小时平均	150	500	
2	二氧化氮（NO_2）	年平均	40	40	
		24 小时平均	80	80	
		1 小时平均	200	200	
3	一氧化碳（CO）	24 小时平均	4	4	mg/m^3
		1 小时平均	10	10	
4	臭氧（O_3）	日最大 8 小时平均	100	160	$\mu g/m^3$
		1 小时平均	160	200	
5	颗粒物（粒径≤10μm）	年平均	40	70	
		24 小时平均	50	150	
6	颗粒物（粒径≤2.5μm）	年平均	15	35	
		24 小时平均	35	75	

表 3-3　环境空气污染物其他项目浓度限值

序号	污染物项目	平均时间	浓度限值		单位
			一级	二级	
1	总悬浮颗粒物(TSP)	年平均	80	200	$\mu g/m^3$
		24 小时平均	120	300	
2	氮氧化物(NO_x)	年平均	50	50	
		24 小时平均	100	100	
		1 小时平均	250	250	
3	铅(Pb)	年平均	0.5	0.5	
		季平均	1	1	
4	苯并[a]芘(BaP)	年平均	0.001	0.001	
		24 小时平均	0.0025	0.0025	

第二节　大气中主要污染物的来源及危害

一、大气污染源

大气污染总的来说是由自然和人类活动两方面造成的。由自然灾害造成的污染多为局部的，暂时性的。而由人类活动造成的污染则通常都是大范围的，经常性的。所以我们一般所说的污染问题多为人类活动引起的。

① 按照污染物发生的类型可将污染源分为生活污染源、工业污染源、农业污染源和交通污染源。

② 按照污染源在空间分布方式可分为点源（如城市污水和工矿企业与船舶等废水排放口）、线源（如输油管道、污水沟道以及公路、铁路等）、面源（如农田里的农药、化肥等）。

③ 按照污染物属性分类，有物理污染源、化学污染源、生物污染源（致病菌、寄生虫与卵）以及同时排放多种污染物的复合污染源。

④ 按受纳水体分类，有地面水污染源、地下水污染源、大气水污染源、海洋污染源。

⑤ 按污染源排放时间分类，有连续性污染源、间断性污染源和瞬时性污染源。

另外，人类污染源又可分为固定污染源和移动污染源。其主要来源为三大方面：a. 燃料燃烧；b. 工业生产过程；c. 交通运输。前两类污染源统称为固定污染源，交通运输工具（机动车、火车、飞机等）则称为流动污染源。

二、主要的大气污染物及其发生机制

大气污染物的种类很多，按照其存在特征的不同可分为颗粒污染物和气体状态污染物两大类。

（一）颗粒污染物

1. 粉尘

粉尘是指分散在气体中的细小的固体粒子，其粒径一般在 $1\sim200\mu m$ 之间。按照粒径大小的不同又可将其分为降尘和飘尘。降尘的粒径通常大于 $10\mu m$，在重力的作用下，能在较短的时间内沉降到地面。而飘尘的粒径小于 $10\mu m$，能被人直接吸入呼吸道内造成危害；又由于它能在大气中长期飘浮，易将污染物带到很远的地方，导致污染范围扩大，同时在大气中还可以为化学反应提供反应载体。因此，飘尘是环境科学工作者所注目的研究对象之一。

在大气中，粉尘的存在是保持地球温度的主要原因之一，大气中有过多或过少的粉尘将对环境产生灾难性的影响。但在生活和工作中，生产性粉尘是人类健康的天敌，含有许多有毒成分，如铬、锰、镉、铅、汞、砷等，是诱发多种疾病的主要原因。

2. 烟尘

烟尘是经过固体的升华、液体的蒸发或者化学反应等过程所形成的蒸汽在空气或者气体中凝结而成的粒子的气溶胶，通常粒径小于 $1\mu m$。

3. 雾尘

雾尘是由悬浮在大气中微小液滴构成的气溶胶，是气体中液滴悬浮体的总称。其粒径小于 $100\mu m$。当空气容纳的水蒸气达到最大限度时，就达到了饱和。而气温愈高，空气中所能容纳的水蒸气也愈多。如果地面热量散失，温度下降，空气又相当潮湿，那么当它冷却到一定的程度时，空气中一部分的水蒸气就会凝结出来，变成很多小水滴，悬浮在近地面的空气层里，就形成了雾尘。

4. 黑烟

黑烟通常指燃料燃烧产生的能见气溶胶，是燃料不完全燃烧的产物，除炭粒外，还有碳、氢、氧、硫等组成的化合物。黑烟的粒径一般为 $0.05\sim1\mu m$。

5. 总悬浮颗粒物

总悬浮颗粒物（TSP）是分散在大气中的各种粒子的总称。其粒径大小，绝大多数在 $100\mu m$ 以下，也是目前大气质量评价中的一个通用的重要污染指标。

6. 细颗粒物

2013 年 2 月 28 日，我国科学技术名词审定委员会将 $PM_{2.5}$ 正式命名为"细颗粒物"。$PM_{2.5}$ 是指环境空气中空气动力学当量直径小于或等于 $2.5\mu m$ 的颗粒物，也称为可入肺颗粒物。这个值越高，就代表空气污染越严重。虽然细颗粒物只是地球大气成分中含量很少的组分，但它对空气质量和能见度等有重要的影响。细颗粒物粒径小，含有大量的有毒、有害物质且在大气中的停留时间长、输送距离远，因而对人体健康和大气环境质量的影响更大。被吸入人体后会直接进入支气管，干扰肺部的气体交换，引发哮喘、支气管炎和心血管病等方面的疾病。

美国国家航空航天局（NASA）2010 年 9 月公布了一张全球空气质量地图。根据 NASA 的两台卫星监测仪的监测结果，绘制了一张显示出 2001～2006 年细颗粒物平均值的地图。在这张图上细颗粒物密度最高的地方出现在北非、东亚。

（二）气态污染物

气态污染物是在常态、常压下以分子状态存在的污染物。气态污染物的种类很多，常见的气态污染物有 CO、SO_2、NO_2、NH_3 等。由于这些气态污染物在大气中不很稳定，容易发生一系列氧化还原反应，因此又将其分为一次污染物和二次污染物。一次污染物是指直接从污染源排到大气中的原始污染物质；二次污染物是指由一次污染物与大气中已有组分，或几种一次污染物之间经过一系列化学或光化学反应而生成的与一次污染物性质不同的新污染物质。在大气污染控制中受到普遍重视的一次污染物有硫氧化物、氮氧化物、碳氧化物以及有机化合物等；二次污染物主要有硫酸烟雾和光化学烟雾等。

1. 硫氧化物

硫氧化物是大气的主要污染物之一，是无色、有刺激性气味的气体，它不仅危害人体健康和植物生长，而且还会腐蚀设备、建筑物和名胜古迹。它主要来自含硫燃料的燃烧、金属冶炼、石油炼制、硫酸生产和硅酸盐制品焙烧等过程。

2. 氮氧化物

氮氧化物（nitrogen oxides）包括多种化合物，如一氧化二氮（N_2O）、一氧化氮（NO）、二氧化氮（NO_2）、三氧化二氮（N_2O_3）、四氧化二氮（N_2O_4）和五氧化二氮（N_2O_5）等。除二氧化氮以外，其他氮氧化物均极不稳定，遇光、湿或热变成二氧化氮及一氧化氮，一氧化氮又变为二氧化氮。因此，职业环境中接触的是几种气体混合物，常称为硝烟（气），主要为一氧化氮和二氧化氮，并以二氧化氮为主。氮氧化物都具有不同程度的毒性。

3. 碳氢化物

大气中的碳氢化物（HC）通常是指 C1～C8 可挥发的所有碳氢化合物，属于有机烃类。

第三节　大气中主要污染物对人体健康的影响

当人类生活和工农业生产排放的有害气体，如硫氧化物、氮氧化物、碳氢化合物、碳氧化合物以及挥发性有机物和颗粒物达到一定浓度时就会改变原有的空气组成，造成大气污染，进而对人体健康造成影响。

一、大气污染物进入人体的途径

大气污染物主要通过呼吸道进入人体，小部分污染物也可以降落至食物、水体或土壤，通过食物或饮用水，经过消化道进入体内，儿童还可以经直接摄入尘土而由消化道摄入大气污染物。有的污染物可通过直接接触黏膜、皮肤进入机体，脂溶性的物质更易经过皮肤而进入体内。大气污染物进入人体的途径如图 3-3 所示。

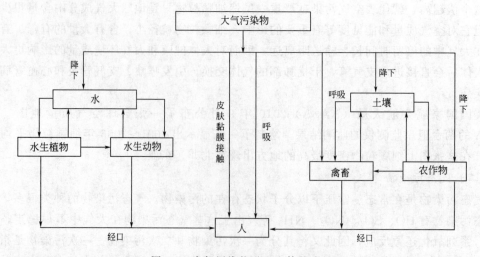

图 3-3　大气污染物进入人体的途径

二、大气污染物对人体健康的影响

1. 颗粒污染物对人体健康的影响

① 颗粒物的粒径＞$10\mu m$ 时，可以被鼻腔和咽喉所捕集，但不进入肺泡。

② 粒径＜$10\mu m$ 的飘尘，对人体的危害较大，进入人体后，一部分随呼吸道排出体外，一部分则沉积于肺泡。沉积在肺部的污染物如被溶解，直接进入血液，造成血液中毒；未被溶解的可能被细胞吸收，造成细胞破坏，引起肺尘埃沉着病。例如，煤矿工人，吸入煤灰，形成煤沉着病；玻璃厂或水泥厂工人，吸入硅酸盐粉尘，形成硅沉着病；石棉厂工人多患有石棉沉着病等。

2. 二氧化硫对人体健康的影响

二氧化硫是最常见的硫氧化物，无色气体，有强烈刺激性气味，是大气主要污染物之一。二氧化硫具有酸性，可与空气中的其他物质反应，生成微小的亚硫酸盐和硫酸盐颗粒。当这些颗粒被吸入时，它们将聚集于肺部，是呼吸系统症状和疾病、呼吸困难，以及过早死亡的一个原因。燃煤含硫率为1%时，燃烧 1t 原煤排放 16kg 二氧化硫进入空气中。另外，二氧化硫是形成硫酸烟雾的主要原因。硫酸烟雾是强氧化剂，对人和动植物有极大的危害。19 世纪中期发生的英国的伦敦烟雾事件是最严重的一次硫酸烟雾事件。SO_2 对人体及生物的影响如表 3-4 所示。

表 3-4　SO_2 对人体及生物的影响

SO_2 浓度（体积分数）/10^{-6}	对人体健康及生物的影响	SO_2 浓度（体积分数）/10^{-6}	对人体健康及生物的影响
0.03	慢性植物损失，叶落过多	0.11～0.19	老年人呼吸系统疾病增多
0.04	支气管炎及肺癌死亡率增高	0.21	肺癌加重
0.046	学龄儿童呼吸系统疾病增多	0.25	死亡率增加，发病率急增

3. 氮氧化物对人体健康的影响

氮氧化物是氮的氧化物的总称，包括 NO、NO_2、N_2O、NO_3、N_2O_4、N_2O_5 等。

大气中除 NO、NO_2 较稳定外，其他氮氧化物都极不稳定，故通常所指的氮氧化物，主要是 NO 和 NO_2 的混合物。一氧化氮可与血红蛋白结合引起高铁血红蛋白血症，二氧化氮吸入后对肺组织具有强烈的刺激性和腐蚀性。NO 与血红蛋白的亲和力比 CO 大几百倍，使血液运送氧的功能下降；NO_2 是腐蚀剂，毒性比 NO 大 5 倍，损害肺功能，是形成光化学烟雾的主要物质之一，当与 SO_2、颗粒物共存时，表现出污染物的协同作用。

4. 碳的化合物对人体健康的影响

对人体健康影响的碳的化合物主要是 CO、CO_2、碳氢化合物等。

一氧化碳与人体内血红蛋白的亲和力比氧与血红蛋白的亲和力大 200～300 倍，而碳氧血红蛋白较氧合血红蛋白的解离速度慢 3600 倍，当一氧化碳浓度在空气中达到 35×10^{-6}（体积分数）时，就会对人体产生损害，造成一氧化碳中毒或煤气中毒。

二氧化碳是温室气体之一，它允许可见光自由通过，但会吸收红外线与紫外线，这可以把来自太阳的热能锁起来，不让其流失。如果大气中的二氧化碳含量过多，热量更难流失，地球的平均气温也会随之上升，这种情况称为温室效应。CO_2 的正常含量是 0.03%，当

CO_2 的浓度达 1％会使人感到气闷、头昏、心悸，达到 4％～5％时人会感到气喘、头痛、眩晕，而达到 10％的时候，会使人体机能严重混乱，使人丧失知觉、神志不清、呼吸停止而死亡。

碳氢化合物主要来自于石油化工业、有机合成工业和机动车排气，其中多芳烃类物质（PAH）如蒽、苯并芘、苯并蒽等大多具有致癌的作用。

5. 光化学烟雾对人体健康的影响

所谓光化学烟雾是汽车、工厂等污染源排入大气的碳氢化合物（HC）和氮氧化物（NO_x）等一次污染物，在阳光的作用下发生化学反应，生成臭氧（O_3）、醛、酮、酸、过氧乙酰硝酸酯（PAN）等二次污染物，参与光化学反应过程的一次污染物和二次污染物的混合物所形成的烟雾污染现象。美国洛杉矶、英国伦敦等多次发生光化学烟雾事件，发生时大气的能见度降低，有特殊气味，刺激眼睛和喉结膜，造成居民呼吸困难，进而死亡。

6. 其他有害的空气污染对人体健康的影响

其他有害空气污染物，如石棉能引起多种疾病，还能引起职业性肺癌；当汞转化为剧毒的有机汞（甲基汞）时会浓集于生物体内，汞蒸气对中枢神经系统的毒性极大等。

第四节　气象条件对污染物运移的影响

一个地区的大气污染程度与该地区污染源所排放的污染物的总量有关，这个总量不因气象条件的变化而发生变化。但是，该地区大气中污染物的浓度与气象因素及地理因素有着直接的关系，即大气污染物浓度受该地区气象条件和地理条件的控制。气象因素对大气污染物具有扩散和稀释的能力，影响大气扩散和稀释能力的主要因素有气象的动力因子和气象的热力因子；地理环境不同，污染物从污染源排出后其危害程度也不同，地理因素主要是地理环境，如地形、地貌等。

一、气象动力因子对污染物传输扩散的影响

气象动力因子主要是指风和湍流，风和湍流对污染物在大气中的扩散和稀释起着决定性作用。

1. 风

风，是大气的水平运动，不同时刻的风速、风向均不同。风把污染物从污染源向下风方向输送的同时，还起着把污染物扩散稀释的作用。一般地说，污染物在大气中的浓度与污染物排放量成正比，与风速成反比。如风速增大一倍，在下风向的污染物浓度将减少一半。

2. 湍流

大气除了整体水平运动以外，还存在着风速时强时弱的阵性以及风的上下、左右的摆性。也就是说，风存在着不同于主流方向的各种不同尺度的次生运动或漩涡运动，这种极不规则的大气运动称为湍流。污染物在风的作用下向下风方向飘移并扩散、稀释，同时，在湍流作用下向周围逐渐扩散，如从烟囱中排出的烟云在向下风方向飘移时，烟云很容易被湍涡拆开或撕裂变形，使烟团很快扩散。湍流尺度的大小对污染物扩散、稀释能力有很大的影响，如图 3-4 所示。

大气的湍流运动造成湍流场中各部分之间的强烈混合。当污染物由污染源排入到大气中

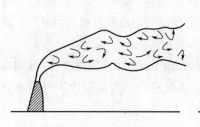 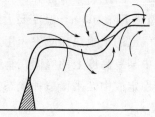 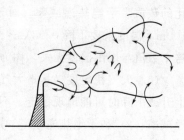

(a) 小尺度湍流作用下的烟云扩散　(b) 大尺度湍流作用下的烟云扩散　(c) 复合尺度湍流作用下的烟云扩散

图 3-4　不同尺度湍流时烟云扩散状态

(引自祖彬《环境保护基础》)

时，高浓度部分污染物由于湍流混合，不断被清洁空气掺入，同时又无规则地分散到其他方向去，使污染物不断地被稀释和冲淡。

二、气象的热力因子对污染物传输扩散的影响

大气温度层结是指在地球表面上方大气的温度随高度变化的情况或者说是在垂直于地球表面方向上的气温分布。气温的垂直分布决定着大气的稳定度，而大气的稳定度又影响着湍流的强度，因而温度层结与大气污染关系密切。

（1）气温垂直递减率（γ）　指在垂直于地球表面方向上，每升高 100m 气温的变化值。对于标准大气压来说，在对流层中，不同高度上的 γ 值不同，一般取平均值：$\gamma=0.6℃/100m$。该值表明在对流层中，每上升 100m，大气气温要下降 0.6℃。实际上，近地面的大气层，由于气象条件的不同，气温垂直递减率 γ 可以大于零、小于零和等于零。

① 递减层结　当 $\gamma>0$ 时，气温随高度的增加而降低，气温垂直分布与标准大气相同。递减层结属于正常分布，一般出现在晴朗的白天，风力较小的天气。地面由于吸收太阳辐射温度升高，使近地空气也得以加热，形成气温沿高度逐渐递减。此时上升空气团的降温速度比周围气体慢，空气团处于加速上升运动，大气为不稳定状态。

② 等温层结　当 $\gamma=0$ 时，气温不随高度的变化而变化，气温恒定，该层称为等温层。等温层结多出现于阴天、多云或大风时，由于太阳的辐射被云层吸收和反射，地面吸热减少，此外晚上云层又向地面辐射热量，大风使得空气上下混合强烈，这些因素导致气温在垂直方向上变化不明显。此时上升空气团的降温速度比周围气体快，上升运动将减速并转而返回，大气趋于稳定状态。

③ 逆温层结　当 $\gamma<0$ 时，气温随高度的增加而增加，气温垂直分布与标准大气相反，这种现象称为逆温，该层称为逆温层。当出现逆温时，大气在竖直方向的运动基本停滞，处于强稳定状态。通常，按逆温层的形成过程又分为辐射逆温、下沉逆温、湍流逆温、平流逆温、锋面逆温等类型。

（2）气温干绝热递减率（γ_d）　干绝热递减率（adiabatic lapse rate）是指干空气团或未饱和的湿空气团地面绝热上升时，会因周围气压的减少而体积膨胀，用内能反抗外力，因此，它的温度就下降；空气团下降时，外压力增大，对其做压缩功，转化为内能，使其温度上升。这种空气团的运动，会使大气形成不同的温度层结。干空气或未饱和的湿空气温度变化的数值叫干绝热递减率。对于一个干燥或未饱和的湿空气气团，在大气中绝热上升每100m，温度就要下降0.98℃；绝热下降100m，温度要上升0.98℃，通常近似的取1℃，而这个数值与周围温度无关，称为气温的干绝热递减率，用γ_d表示。

（3）大气稳定度　是指大气中某一高度上的气团在垂直方向上相对稳定的程度。气团在上升或下降时可能出现稳定、不稳定或中性平衡三种状态。大气稳定的程度取决于气温垂直递减率（γ）和干绝热递减率（γ_d）。

① 当$\gamma < \gamma_d$时，不论由哪种气象因素使大气做垂直上下运动，它都力争恢复到原来的状态，大气的这种状态，称为稳定状态。

② 当$\gamma > \gamma_d$时，不论由哪种气象因素使大气做垂直上下运动，它的运动趋势总是远离平衡位置，大气的这种状态称为不稳定状态。

③ 当$\gamma = \gamma_d$时，气团内部温度与外部温度始终保持相等，气团被推到哪里就停在哪里，这时的大气状态称为中性状态。

三、大气污染的地理因素

污染物从污染源排出后，因地理环境不同危害的程度也不同。如携带污染物的气团遇高层建筑物、大体积建筑物等，在建筑物的背风区其风速会下降，从而在局部地区产生涡流，如图3-5所示。这样就阻碍了污染物向更大范围扩散和稀释，加剧了局部污染。

1. 城市风

城市风是指在大范围环流微弱时，由于城市热岛而引起的市区与郊区之间的大气环流：空气在市区上升，在郊区下沉，而四周较冷的空气又流向市区，在市区和郊区之间形成一个小型的局地环流，称为城市风。由于城市风的存在，市区的污染物随热空气上升，往往在市区上空笼罩着一层烟尘等形成的穹形尘盖，使上升的气流受阻，污染物不易扩散，所以上升的气流转向水平运动，到

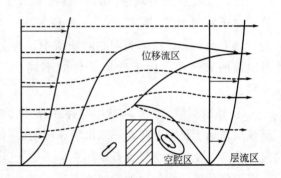

图 3-5　建筑物对气流的影响
（引自祖彬《环境保护基础》）

了郊区下沉，下沉气流又流向城市的中心（见图3-6）。如果城市的四周有工厂，这时工厂排出的污染物一并集中到城市的中心，致使市区的空气更加混浊。所以城市风在某种情况下能加重市区的大气污染。例如日本北海道的旭川市，人口仅20万，郊区是山地丘陵，市区为平地，在郊区周围山地建了工厂，本意是想让市区避开空气污染源。结果事与愿违，城市风使郊区的烟尘涌入市区，反而使没有污染源的市区污染。

2. 海陆风

海陆风（sea breeze and land breeze）是受海陆热力性质差异影响形成的大气运动形式，主要发生在海洋或湖泊与大陆的交界处。白天，在太阳照射下，陆地升温快，气温高，空气膨胀上升，近地面气压降低，所以在近地面，海洋的气压比陆地气压高，风是从海洋吹向陆地，形成"海风"；夜晚情况正好相反，空气运动形成"陆风"，合称为海陆风。海陆风的水平范围可达几十千米，垂直高度达1～2km，周期为一昼夜。如图3-7所示。

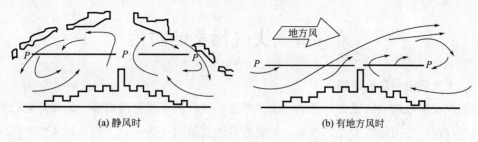

(a) 静风时　　　　　　　　　(b) 有地方风时

图 3-6　热岛效应引起的城乡空气环流

（引自祖彬《环境保护基础》）

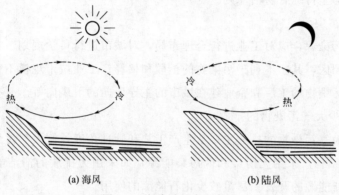

(a) 海风　　　　　　　　　(b) 陆风

图 3-7　海陆风环流示意图

3. 山谷风

山谷风（mountainvalley breeze）是由于山谷与其附近空气之间的热力差异而引起白天风从山谷吹向山坡，这种风称"谷风（valley breeze）"；到夜晚，风从山坡吹向山谷称"山风（mountain breeze）"。山风和谷风总称为山谷风。

山谷风的形成原理与海陆风类似。白天，山坡接受太阳光热较多，成为一只小小的"加热炉"，空气增温较多；而山谷上空，同高度上的空气因离地较远，增温较少。于是山坡上的暖空气不断上升，并在上层从山坡流向谷底，谷底的空气则沿山坡向山顶补充，这样便在山坡与山谷之间形成一个热力环流。下层风由谷底吹向山坡，称为谷风[见图 3-8(a)]。到了夜间，山坡上的空气受山坡辐射冷却影响，"加热炉"变成了"冷却器"，空气降温较多；而谷底上空，同高度的空气因离地面较远，降温较少。于是山坡上的冷空气因密度大，顺山坡流入谷底，谷底的空气因汇合而上升，并从上面向山顶上空流去，形成与白天相反的热力环流。下层风由山坡吹向谷底，称为山风[见图 3-8(b)]。

(a) 谷风　　　　　　　　　(b) 山风

图 3-8　山谷风环流示意图

第五节　大气污染的防治

一、大气污染的防治原则

目前，我国城市和区域大气污染已十分严重，且有逐年恶化的趋势，原因是能耗大，能源结构不合理，污染源增加等。因此，要想有效地控制大气污染，人们必须从整个区域的大气污染情况出发，统一规划并综合运用各种防治措施和手段，积极采用新技术、新设备、新方法和新工艺，即坚持综合防治原则。

1. 控制大气污染源

为控制大气污染源，应对工业进行合理布局，对城市进行科学规划。如工业企业应分散设置，所谓工业园区，其实不利于污染物的扩散和稀释；工业城市规模不宜过大；选择合理的厂址，将排放污染物的工厂和企业建在城市的主导风向的下风向等。

2. 防止或减少大气污染物的排放

防止和减少大气污染物的排放主要从生产工艺和管理角度控制大气污染。

① 改革能源结构。采用无污染和低污染能源，如采用无排放的清洁能源，太阳能、水能、风能或进行新能源的开发。尽量减少化石能源的使用。

② 对化石燃料进行预处理。对化石燃料进行预处理，以减少燃烧时产生污染大气的物质。提高煤炭品质，对燃烧所用的煤炭的硫分、灰分的品质进行严格限定。《中华人民共和国大气污染防治法》新增的"国家推行煤炭洗选加工"等内容，目的就是降低煤的硫分和灰分。

③ 改善燃烧装置和燃烧技术。进一步改善燃烧装置和燃烧技术，提高化石燃料的燃烧效率。如改革炉灶，采用沸腾炉等以提高燃烧效率和降低有害气体的排放量。

④ 采用清洁生产工艺。设计一些无害的、低能耗的生产工艺；尽量进行封闭系统的操作；不用或少用易引起污染的原料。优先采用无污染或低污染工艺。

⑤ 加强监督管理，减少事故性排放和无组织排放。

3. 治理排放的主要污染物

① 利用各种除尘设备去除烟尘和各种工业粉尘。

② 采用气体吸收塔等处理有害气体。

③ 及时清理和妥善处理工业、生活和建筑废渣，减少地面扬尘。

④ 应用其他物理的（如冷凝）、化学的（如催化、转化）、物理化学的（如分子筛、活性炭吸附）方法回收利用废气中的有害物质，或使有害气体无害化。

⑤ 发展植物净化技术，植树造林，绿化环境。

⑥ 利用环境的自净能力。

4. 污染的法制宣传与管理

污染的法制管理十分重要，要向群众做好广泛的宣传工作。要坚持以法管理环境，对破坏环境的人和事，要教育、处罚以至拘役判刑，加大法治力度。

二、烟尘治理技术

（一）除尘装置的主要性能

燃料及其他物质燃烧等过程产生的烟尘，以及对固体物料破碎、筛分和输送的机械过程所产生的粉尘，都是以固态或液态的粒子存在于大气中，从废气中除去或收集这些固态或液态粒子的设备，称为除尘装置。选择除尘装置时，除考虑烟尘的特性外，还要对除尘装置的性能有所了解。除尘装置的主要性能指标有三个：处理量、效率和阻力降。

1. 除尘装置的处理量

除尘装置的处理量是指除尘装置在单位时间内所能处理的含尘气体量。它取决于装置的形式和结构尺寸。在选择除尘装置时必须注意这个指标，否则将会影响除尘效率。

2. 除尘装置的效率

除尘装置的效率有如下几种表示方法。

① 除尘装置的总效率：指除尘装置除下的烟尘量与未经除尘前含尘气体（烟气）中所含烟尘量的百分比。

② 除尘装置的分级效率：指除尘装置对除去某一特定粒径范围的污染物的除尘效率。

③ 多级除尘效率：当使用一级除尘装置达不到除尘要求时，通常将两个或两个以上的除尘装置串联起来使用，形成多级除尘装置，其效率称为多级除尘效率。

3. 除尘装置的阻力降

除尘装置的阻力降是指烟气经过除尘装置时，能量消耗的一个主要指标，除尘装置的阻力降有时又称为压力降。

（二）除尘装置的工作原理和特性

根据在除尘过程中是否采用润湿剂，将除尘装置的类型分为湿式除尘装置和干式除尘装置。根据除尘过程中的粒子分离原理，除尘装置又可分为重力除尘装置、惯性力除尘装置、离心力除尘装置、洗涤式除尘装置、过滤式除尘装置、电除尘装置和声波除尘装置等。近几年来，为提高对微粒的捕集效率，还出现了综合几种除尘机制的新型除尘器，如声凝聚器、热凝聚器、高梯度磁分离器等。下面对在实际中常用的除尘装置的工作原理和性能作简单介绍。

1. 重力除尘器

重力除尘器是借助于粉尘的重力沉降，将粉尘从气体中分离出来的设备。粉尘靠重力沉降的过程是烟气从水平方向进入重力沉降设备，在重力的作用下，粉尘粒子逐渐沉降下来，而气体沿水平方向继续前进，从而达到除尘的目的，如图3-9所示。气流进入重力沉降室后，流动截面积扩大，流速降低，较重颗粒在重力作用下缓慢向灰斗沉降。一般重力除尘装置可捕集 $50\mu m$ 以上的粒子。重力除尘装置的特点是构造简单，施工方便，投资少，收获快，但体积庞大，占地多，效率低，不适合除去细小尘粒。

提高沉降室效率有以下主要途径。

① 降低沉降室内气流速度；

② 增加沉降室长度；

③ 降低沉降室高度。

沉降室内的气流速度一般为 $0.3\sim2.0m/s$。

2. 惯性除尘器

惯性除尘器是使含尘气体与挡板撞击或者急剧改变气流方向，利用惯性力分离并捕集粉

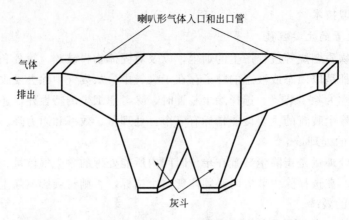

图 3-9　重力除尘器过程示意图

尘的除尘设备。惯性除尘器亦称惰性除尘器，当高速运动的含尘气流在遇到挡板（见图 3-10）时，借助惯性力也被捕集。气流速度越高，气流方向转变次数越多，粉尘去除效率越高。

惯性除尘器一般净化密度和粒径较大的金属或矿物性粉尘，这种设备结构简单，阻力较小，但除尘效率不高，一般只用于多级除尘中的一级除尘。惯性除尘器根据其性能不同，可以分离或收集几微米、$10\mu m$、$20\sim30\mu m$ 的微粒，气流速度及其压力损失随着设备形式的不同而不同。其工作过程如图 3-10 所示。

3. 旋风除尘器

旋风除尘器是利用旋转气流所产生的离心力将尘粒从含尘气流中分离出来的除尘装置，旋风除尘器又称离心除尘器。其工作过程如图 3-11 所示。

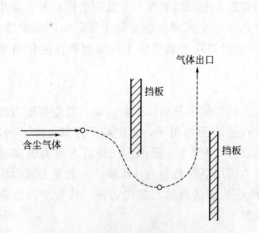

图 3-10　惯性除尘器过程示意图

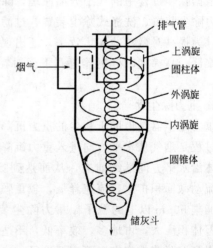

图 3-11　旋风除尘器工作过程示意图

旋转气流的绝大部分沿器壁自圆柱体，呈螺旋状由上向下向圆锥体底部运动，形成下降的外旋含尘气流，在强烈旋转过程中所产生的离心力将密度远远大于气体的尘粒甩向器壁，尘粒一旦与器壁接触，便失去惯性力而靠入口速度的动量和自身的重力沿壁面下落进入储灰斗。旋转下降的气流在到达圆锥体底部后，沿除尘器的轴心部位转而向上，形成上升的内旋气流，并由除尘器的排气管排出。

旋风除尘器具有结构简单，体积小，不需特殊的附属设备，造价低，阻力中等，器内无运动部件，操作维修方便等优点。一般用于捕集 $5\sim15\mu m$ 以上的颗粒，经改进后的特制旋风除尘器，其除尘效率可达 95％ 以上。旋风除尘器的缺点是捕集小于 $5\mu m$ 微粒的效率不高。

4. 电除尘器

电除尘器是用高压直流电源产生不均匀的电场，利用电场中的电晕放电使尘粒荷电，然后尘粒在电场中库仑力的作用下向收尘极集中，当形成到一定厚度时，振动电极使尘粒沉落在集尘器中。工作过程如图 3-12 所示。常用于以煤为燃料的工厂、电站，收集烟气中的煤灰和粉尘。冶金中用于收集锡、锌、铅、铝等的氧化物。电除尘器具有以下几方面的优点：①除尘效率可高达 99.9％ 以上；②阻力损失小，和旋风除尘器比较，其总耗电量仍比较小；③维护简单，处理量大；④可以完全实现操作自动控制。其缺点有：①设备比较复杂，要求设备调运和安装以及维护管理水平高；②对粉尘电阻有一定要求，所以对粉尘有一定的选择性，不能使所有粉尘都获得很高的净化效率；③受气体温度湿度等的操作条件影响较大，同是一种粉尘如在不同温度、湿度下操作，所得的效果不同，有的粉尘在某一个温度、湿度下使用效果很好，而在另一个温度、湿度下由于粉尘电阻的变化几乎不能使用电除尘器；④一次投资较大，卧式的电除尘器占地面积较大。

5. 过滤式除尘器

过滤式除尘器是利用多孔介质的过滤作用捕集含尘气体中粉尘的除尘器。过滤式除尘器根据滤材的不同，分为：空气过滤器（滤材为滤纸或玻璃纤维）、袋式除尘器（滤材为纤维织物）和颗粒层除尘器（滤材为砂、砾、焦炭等颗粒物）。这种除尘方式的最典型装置是袋式除尘器，它是过滤式除尘器中应用最为广泛的一种。

袋式除尘器是一种干式滤尘装置。滤袋采用纺织的滤布或非纺织的毡制成，利用纤维织物的过滤作用对含尘气体进行过滤，当含尘气体进入袋式除尘器后，颗粒大、相对密度大的粉尘，由于重力的作用沉降下来，落入灰斗，含有较细小粉尘的气体在通过滤料时，粉尘被阻留，使气体得到净化。它适用于捕集细小、干燥、非纤维性粉尘。除尘过程如图 3-13 所示。

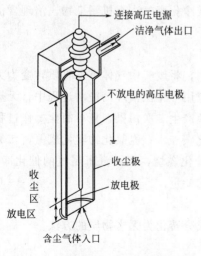

图 3-12　电除尘器工作过程示意图

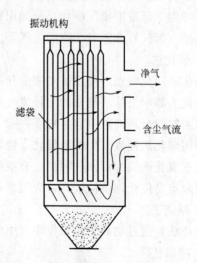

图 3-13　袋式除尘器工作过程示意图

（三）选择除尘装置的原则

① 若尘粒的粒径较小，可选用湿式、过滤式或电除式除尘器；若粒径较大，可以选用机械式除尘器。

② 若气体含尘浓度较高时，可用机械式除尘；若含尘浓度低时，可采用文丘里洗涤器。

③ 对于黏附性较强的尘粒，最好采用湿式除尘器，不宜采用过滤式除尘器，因为宜造成滤布堵塞。

三、气态污染物的治理技术

目前，工矿企业所排放的废气中主要气态污染物有二氧化硫、氮氧化物、氟化物、氯化物、碳化物及各种有机气体等。由于石油化工的迅速发展和含硫燃料的大量利用，使得二氧化硫和氮氧化物成为造成大气污染的主要因素。目前，处理气态污染物的方法主要有吸收法、吸附法、催化法、燃烧法和冷凝法等。下面对造成严重大气污染的二氧化硫和氮氧化物的治理技术进行简单阐述。

1. 吸收法

吸收法是利用气体混合物中不同组分在吸收剂中溶解度的不同，或者与吸收剂发生选择性化学反应，从而将有害组分从气流中分离出来的过程。即当气-液相接触时，气体中的不同组分在同一液体中的溶解度不同，气体中的一种或数种溶解度大的组分进入液相中，使气相中各组分相对浓度发生改变，气体即可得到分离净化。吸收法治理气体污染物技术上比较成熟，适用性强，优点是几乎可以处理各种有害气体，适用范围很广，并可回收有价值的产品。缺点是工艺比较复杂，吸收效率有时不高，吸收液需要再次处理，否则会造成废水的污染。

2. 吸附法

气体混合物与适当的多孔性固体接触，利用固体表面存在的未平衡的分子引力或化学键力，把混合物中某一组分或某些组分吸附在固体表面上，这种分离气体混合物的过程为气体吸附。利用这一原理的吸附法，由于具有分离效率高、能回收有效组分、设备简单、操作方便、易于实现自动控制等优点，已成治理环境污染物的主要方法之一。在大气污染控制中，吸附法可用于低浓度废气净化。例如用吸附法回收或净化废气中有机污染物，治理含低浓度二氧化硫（烟气）和氮氧化物的废气等。

3. 催化法

催化法净化气态污染物是利用催化剂的催化作用，将废气中气体有害物质转变为无害物质或转化为易于去除的物质的一种废气治理技术。应用催化法治理污染物过程中，无需将污染物与主气流分离即可将有害物质去除，不仅可避免产生二次污染，且可简化操作过程。例如，利用催化法使废气中的碳氢化合物转化为二氧化碳和水；氮氧化物转化成氮；二氧化硫转化成三氧化硫后加以回收利用；有机废物和臭气催化燃烧，以及汽车尾气的催化净化等。该法的缺点是催化剂价格较高，废气预热需要一定的能量。

4. 燃烧法

燃烧法是通过热氧化作用将废气中的可燃有害成分转化为无害物质的方法。

5. 冷凝法

冷凝法是利用物质在不同温度下具有不同饱和蒸气压的性质，降低系统温度或提高系统压力，使处于气态的污染物冷凝，从废气中分离出来的方法。

6. 生物法

废气的生物处理法是利用微生物的代谢活动过程把废气中的气体污染物转化为低害甚至无害的物质。生物处理不需要再生过程和其他高级处理，与其他净化法相比，其处理设备简单、费用也低，并可以达到无害化目的，因此，生物处理技术被广泛地应用于有机废气的净化，如屠宰厂、肉类加上厂、金属铸造厂、固体废物堆肥、化工厂的臭氧处理等。该法的局限性在于不能回收污染物质，只能处理浓度很低的污染物。

7. 膜分离法

混合气体在压力梯度作用下，透过特定薄膜时，由于不同气体有不同的透过速度，从而可使不同组分达到分离的效果。根据构成膜物质的不同，分离膜有固体膜和液体膜两种，目前在一些工业部门实际应用的主要是固体膜。膜法气体分离技术的优点是过程简单，控制方便，操作弹性大，并能在常温下工作，能耗低。该法已用于合成氨气中回收氢，天然气净化，空气中氧的收集，以及 CO_2 的去除与回收等。

四、典型气态污染物的治理技术

1. 排烟脱硫技术

将含硫的氧化物从废气中处理掉的技术称为"排烟脱硫"技术。其中，二氧化硫是主要的污染物。目前有 80 多种技术，对于低浓度的 SO_2（含量 <3.5%）烟气的治理，进展较缓慢，因为吸附剂的选用、副产品的处理和利用较难。

目前排烟脱硫的方法主要有干法和湿法两种。

（1）干法　干法脱硫是用固体吸收剂或吸附剂，吸收或吸附烟气中 SO_2 的方法。干法的优点是排烟温度高，容易扩散；缺点是效率低，设备庞大。主要有活性炭吸附法和催化氧化法。

① 活性炭吸附法　是利用活性炭的活性和较大的比表面积使烟气中的 SO_2 在活性炭表面上与氧及水蒸气反应生成硫酸的方法，即

$$SO_2 + \frac{1}{2}O_2 + H_2O \longrightarrow H_2SO_4$$

② 催化氧化法　是以硅石为载体，用 V_2O_5、$KMnO_4$ 或 K_2SO_4 等为催化剂，将 SO_2 氧化成 SO_3，然后用水吸收，制成稀 H_2SO_4。此法是高温操作，所需费用较高。但由于技术上比较成熟，目前国内外对高浓度 SO_2 烟气的治理多采用此法。

（2）湿法　湿法脱硫是用水或水溶液作吸收剂，吸收烟气中 SO_2 的方法。湿法的优点是方法简单，费用低；缺点是处理温度低，易形成白烟，且烟气不易扩散。

根据所使用的吸收剂不同又可以分为氨法、钠法和钙法等。

① 氨法　用氨水吸收烟气中的 SO_2，中间产物为亚硫酸铵和亚硫酸氢铵，采用不同的方法处理中间产物，可回收硫酸铵、石膏等副产物。

② 钠法　用氢氧化钠、碳酸钠或亚硫酸钠水溶液为吸收剂吸收烟气中的 SO_2，该法对 SO_2 的吸收速度快，管路和设备不容易堵塞，因而应用比较广泛。生成的亚硫酸钠和亚硫酸氢钠吸收液，可经无害化处理后弃去或经适当方法处理后获得副产品。

③ 石灰石膏法　又称"钙法"，用石灰（$CaCO_3$）、生石灰（CaO）或消石灰 $[Ca(OH)_2]$ 的乳浊液作为吸附剂。此法吸附剂低廉易得，回收的石膏（$CaSO_4$）又可以做建筑材料，被国内外广泛采用。

2. 排烟脱氮技术

从烟气中除去 NO_x 的过程简称为"排烟脱硝"或"排烟脱氮"。

目前，排烟脱氮的方法有选择性催化还原法、非选择性催化还原法、吸附法等。

（1）选择性催化还原法　选择性催化还原法是指在铂、铬、铁、钒、钼、钴、镍等催化剂的作用下，以氨、硫化氢、一氧化碳等作为还原剂，"有选择性"地与烟气中的 NO_x 反应并生成无毒无污染的 N_2 和 H_2O 的方法。如氨选择性催化还原法，是以氨为还原剂，选用贵金属铂为催化剂，反应温度控制在 $150 \sim 250℃$。其主要反应为：

$$6NO + 4NH_3 \xrightarrow{\text{Pt}} 5N_2 + 6H_2O$$

$$6NO_2 + 8NH_3 \longrightarrow 7N_2 + 12H_2O$$

该法也能同时除去烟气中的 SO_2。

（2）非选择性催化还原法　用铂作为催化剂，用氢或甲烷等为还原剂，把 NO_x 还原成 N_2。所谓"非选择性"是指反应时的温度条件不仅仅控制在只是烟气中的 NO_x 还原成 N_2，而且在反应过程中，还能有一定量的还原剂与烟气中的过剩氧作用。此法选取的温度范围为 $400 \sim 500℃$。

此法所用的催化剂除铂等贵金属外，还可以使用钴、镍、铜、铬、锰等金属的氧化物。在非选择性催化还原法脱氮的实际装置中，要有余热回收装置。

复习思考题

1. 简述大气的组成和结构。
2. 简述我国大气中的主要污染物及其来源与危害。
3. 论述影响大气污染的气象因素及其原理。
4. 如何判断大气稳定度？稳定度对污染物扩散有何影响？
5. 大气污染的防治原则有哪些？
6. 除尘装置的主要性能指标有哪些？
7. 简述常用的除尘装置及其工作原理。
8. 气态污染物的治理技术有哪些？
9. 排烟脱氮的主要困难有哪些？你能提出一些克服的技术措施吗？
10. $PM_{2.5}$ 对人体有哪些危害？

阅读材料

典型大气污染企业控制案例

大气污染比较严重的建设项目主要包括火电厂、水泥厂、焦化厂、炼油厂、冶炼厂、石油化工项目等，其大气污染的来源主要是燃料燃烧的废气、炉窑产生的烟尘等。主要的大气污染物为二氧化硫、氮氧化物、烟尘，以及燃料和炉灰堆放产生的二次扬尘。下面具体举一些实例来说明。

3-1　发　电　厂

改革开放以来，中国电力工业取得巨大成就。尤其是近几年，电力行业积极应对电力需求快速增长和环境形势的严峻挑战，加快电力发展和结构调整，加强节能减排，积极推进电力体制改革，认真履行社会责任，推进和谐社会建设，保障经济发展和人民生活水平不断提高对电力的需求。

一、火电厂污染概况

1. 燃烧系统

包括锅炉的燃烧部分和输煤、除灰以及烟气排放系统等。

2. 燃烧过程

煤由皮带输送到磨煤机磨成煤粉，然后与空气一起喷入炉内燃烧，将煤的化学能转换成热能。

3. 主要的污染因子

燃煤烟气、废水、温排水，一般废水排放（包括酸碱废水、含油废水、输煤系统冲洗水、锅炉酸洗废水、冷却塔排污水）、生活污水、厂区雨水、灰水、固体废物、噪声、灰场生态影响。

二、污染物排放控制技术

首先，提高认识，坚定不移地贯彻中央关于节能减排的决策和部署。电力行业是能源转换行业，因此，在转换过程中，转换效率的高低是污染控制好坏的关键。

其次，电力工业以煤发电为主，是全国温室气体排放的主要部门，因此需要严格控制污染物的排放。具体的污染物排放控制技术有以下几种。

① 直接处理排放的污染物，如废气、废水、固体废物的处理、脱硫石膏利用、污泥发酵等。

② 改变生产工艺流程，加装处理设施，生产硝酸铵改为生产尿素减少氮气排放，造纸废水加装碱回收设施等。

③ 改变原料构成，如煤炭洗选、燃用煤炭改为使用天然气等。

④ 运行期污染防治对策。针对环境空气污染、温排水污染、一般取排水污染、灰水污染、噪声污染、固体废物及储煤场制定相应的防治对策，同时要考虑保护陆生生物、水生生物、自然景观及其他需保护对象的保护对策。通常采用燃用低硫煤、安装脱硫装置、采用高烟囱排放、烟气连续监测系统等措施控制大气污染。废水需采用分类治理的方式，含油废水经油水分离装置处理后回用于煤场喷淋，生活污水处理后达标排放，脱硫废水、酸洗废水等需处理后回用或排放，若有煤码头，则输煤系统或煤码头冲洗废水需沉淀和经煤泥处理设备处理；灰场要有运营期和封场后的防治措施。运营期间应防渗、灰场底部设盲沟排雨水、经常洒水碾压、部分达到标高或封场后应覆土植草、植树；粉煤灰和石膏综合利用。

⑤ 建设期污染防治对策。根据建设期工程特点，分析生产线占地、灰场占地影响（农业生态环境、植被）、施工扬尘、施工废水、施工噪声、工程弃土和生活垃圾等对环境的影响、水土流失等，制定相应的污染防治对策。

三、污染治理措施

对于火电厂项目的治理措施主要包括以下几个方面。

1. 熟悉二氧化硫、氮氧化物、烟尘（烟、粉尘）控制的主要方法

火电厂除尘方式主要采用电除尘和布袋除尘；脱硫方法有湿法、半干法及其他方法；氮氧化物去除方法有低氮燃烧及脱硝。污水采用分散、集中处理相结合的方式；油主要来源于生活污水，煤场酸碱废水可采用絮凝中和或其他方式进行处理；脱硫废水处理较复杂，需专门处理。

2. 控制污染物排放政策

污染物排放的控制原则是污染者付费原则，大体经历以下三个阶段。

① 浓度控制：国家设立排放浓度标准，对超过标准的排放处以收费或罚款，强迫排放者自行投资处理污染物以减少排放。

② 总量控制：设定排放的污染物总量，即使排放浓度达标，按照排放的污染物总量也得交纳排污费。

③ 容量控制：在一定区域内，对污染物总量有一个限制，在区域内的各个排污者可以将自己的排污指标进行交易，如一个排污者由于重视治理污染，大大减少自己的排污量，他可以将自己富余的排污指标卖给没能达到指标的排污者，但区域内排污总量不得超过指标，这种政策可以刺激污染者开发污染物排放技术的积极性。同时将环境质量维持在一个可以容许的范围内。

3. 烟气排放治理

随着排放标准的日渐严格，燃煤电厂采用电除尘器的比例逐年增长。现有电厂进行达标技术改造，除尘效率逐年提高。新建燃煤电厂大多采用磁电场以上级别的电除尘器，平均除尘效率达到 99% 以上。2006 年新投产的燃煤机组电除尘器，大部分按烟尘排放浓度 $50\text{mg}/\text{m}^3$ 或更低值设计和建造，达到国际先进水平。当前我们的电力发展水平仍然比较低，发展仍然是首要任务。我国以煤炭为主的能源格局在短时间内不会改变，以煤发电为主的电力工业结构格局在未来二三十年内也不会改变。因此燃煤产生的大气污染物的控制任务仍然十分艰巨。在烟尘、二氧化硫等污染物逐步得到控制后，烟气中含重金属物质的污染控制也将提到议事日程。

3-2　陶瓷企业

结合目前我国陶瓷工业的发展，自 1993 年起，我国人均消费、陶瓷产量及出口量均位列世界第一。伴随着陶瓷工业的发展，环境污染也接踵而来。我国的大气环境污染主要是燃煤型污染，主要污染物为 SO_2 和粉尘。陶瓷生产对环境污染贯穿生产的全过程，其主要污染物的产生主要通过以下几个过程：①燃料燃烧的高温烟气；②生产及运输过程中排放的粉尘；③氟化物污染。

1. 陶瓷企业污染概况

陶瓷产区由二氧化硫引起的酸雨、氮氧化物引起的光化学反应等环境污染问题已经是全球急需解决的环境问题。

陶瓷生产中利用喷雾塔制粉的环节、窑炉的烧成环节均需要大量热量，而在这些过程中一般采用煤、混合油、水煤气作为燃料。这些燃料含硫率高，在燃烧过程中会产生大量酸性气体，形成酸雨、光化学烟雾等现象，对大气环境造成严重污染。

在陶瓷生产过程中产生的粉尘一般分为两种：一种为粉尘状污染物，主要来源于原料称配、加工、釉料制备和施釉等工序；另一种为气体污染物，主要来源于干燥和烧成工序。飘尘是引起鼻炎、支气管炎和肺炎的罪魁祸首。粒径小于 $5\mu\text{m}$ 的飘尘危害尤为突出，未来 $PM_{2.5}$ 是陶瓷行业粉尘监控的重点。

2. 预防措施

对陶瓷行业造成的大气污染应采取源头控制、预防为主的措施。我国现在大力推行清洁生产、循环经济及《节约能源法》，其基本思想是从源头控制污染物，做到预防为主，改变我国现行的先污染后治理的粗放式经济模式，从长远、整体、系统的角度解决大气污染问题。调整改变现有产业结构，从源头控制污染物，做到预防为主，是陶瓷行业大气污染防治的主要手段之一。比如可以选择清洁能源（天然气等清洁燃料替代高硫、高灰燃料），使用清洁能源不仅从源头上减少了污染物产生，同时降低了产品成本。比如，醴陵陶瓷业经过几年努力，对传统陶瓷生产线进行技术改造，燃煤改为燃气，其能源成本降低约四成。其次，可以采用先进的生产工艺，新型无毒、低毒材料，选用新型节能低污染燃烧技术，如高温空气燃烧技术等。这些技术在日本、美国均有使用，主要特点是节能，并减少大气污染物产生，但成本较高。最后还要加强环境管理，以预防为主，减少污染物产生。

　　3. 治理措施

　　陶瓷行业污染治理主要包括三个方面：一是烟气燃烧过程中脱硫、脱硝；二是采用尾气脱硫除尘技术；三是增加烟囱高度。

　　① 烟气燃烧过程中脱硫、脱硝。如采用循环流化床锅炉，就能在炉内实现低氮燃烧和脱硫，或者燃烧过程添加燃烧促进剂，可使燃料充分燃烧、氧化等，减少污染物产生。

　　② 尾气脱硫除尘技术　尾气脱硫除尘技术在我国现阶段应用较为广泛，陶瓷行业烟气主要来自燃料燃烧，其污染物成分复杂，主要包括二氧化硫、氮氧化物、烟尘等。因此，在实际工程中，窑炉、锅炉及喷雾塔燃烧烟气多采用几种治理措施相结合的方式。常见治理措施组合为袋式除尘和湿式脱硫脱硝相结合的方法。

　　袋式除尘器除尘效率可达99％以上，在大气粉尘防治方面运用极为广泛。但值得注意的是，袋式除尘器对烟气含水率及温度均有所要求，不宜安装在湿式脱硫工艺后面；此外，袋式除尘器耐温一般在120℃左右，而陶瓷行业燃烧烟气温度较高。因此，在袋式除尘器前应充分考虑降温措施，多选用旋风除尘器或降温系统作预处理。

　　目前，陶瓷行业的烟气治理多以湿法脱硫为主，脱硫效率一般可达80％以上。

3-3　天多"蓝"算"蓝天"

　　在欧美国家的工业化和城市化早期，伦敦烟雾、洛杉矶烟雾等严重的大气污染事件也曾是噩梦。根据美国环境保护署2011年最新的划定，美国仍有18个州的121个县不能达到国家环境空气质量标准。

　　"蓝天数"在中国是衡量空气质量的重要指标，但多"蓝"就算"蓝天"？根据美国《清洁空气法》，美国环境保护署针对不同的单项污染物划定达标区和非达标区，所以美国有臭氧非达标区、PM$_{2.5}$非达标区等。这些地方的政府被要求制定空气污染防治的"州实施计划"。在"非达标区"，新建项目排放非达标的污染物或其前体物（形成污染物前一阶段的化学产物），必须采取最低排放技术，同时必须对新排放的污染物进行等量替代，可以通过技术改造、关闭工厂，或者购买其他企业的减排量来完成。已经存在的排放源，则通过排污许可证的形式，不断削减排放量。一般情况下，每年3％的削减目标，会分配到当地所有企业身上。

　　而美国的排放标准是一个动态体系，要求新建项目须采用最佳可行技术，在非达标区新建项目还必须采用最低排放技术。拥有先进环保技术的企业提出的适用技术，如经当地环保部门和项目单位认定是最佳可行技术和最低排放技术的，则新建项目必须采用。环保技术公司由此具有创新动力，有利于占据市场。中国在大气污染防治方面起步晚，也应该借鉴美国的做法。

　　美国环境保护署有公务员 18760 人，其中负责空气质量管理的人员 1400 人，各州、县、城市都有相应的人员。以加利福尼亚州为例，空气质量管理局有 1273 人，35 个空气质量管理区又都有自己的管理人员，员工数量 3000 人。值得一提的是，美国的财政支出很少支持企业治污，认为这是企业的法律责任，而政府主要是为企业提供公平的市场和法律环境。美国企业的违法排污罚金可达 25 万美元/天，同时没收违法所得经济利益，如果因超标排污造成环境损害，还会有民事诉讼和公益诉讼追究赔偿。

　　目前，中国公众对空气质量要求明显提高。如果要在 2025 年使全国约 80％ 的城市达到标准要求，则需要在每个 5 年计划内使各地的 PM_{10} 和 $PM_{2.5}$ 平均浓度降低 10％～15％。由于 $PM_{2.5}$ 的来源既包括由污染源直接排放的一次颗粒物，又包括由二氧化硫、氮氧化物、碳氢化物等气体在大气中转化形成的二次颗粒物，因此必须对这些排放物的气态前体物进行持续减排，每个 5 年计划的减排幅度至少要达到 15％。这个目标幅度远高于"十一五"和"十二五"期间中国主要污染物总量控制任务的要求。因此，应该以更快的速度解决这个问题。况且，科学技术的研究已有积累。美国在大气污染防治早期，并不十分了解污染的各种来源，也是经过很长的实践。中国可以利用自身成本优势，多借鉴先进国家的成果，使这些技术的应用以更低的成本实现。

参考文献

[1] 魏振枢，杨永杰. 环境保护概论 [M]. 北京：化学工业出版社，2007.
[2] 李定龙，常杰云. 环境保护概论 [M]. 北京：中国石化出版社，2006.
[3] 徐炎华. 环境保护概论 [M]. 北京：中国水利水电出版社，2009.
[4] 王淑莹. 环境导论 [M]. 北京：中国建筑工业出版社，2004.
[5] 刘天齐. 环境保护 [M]. 第 2 版. 北京：化学工业出版社，2000.
[6] 徐宁. 水泥工业环保工程手册 [M]. 北京：中国建材工业出版社，2008.
[7] 刘后启. 水泥厂大气污染物排放控制技术 [M]. 北京：中国建材工业出版社，2007.
[8] 李名，张杨. 浅析陶瓷行业大气环境污染现状及防治对策 [J]. 佛山陶瓷，2012，22 (6)：38-40.
[9] 郭玉凤，刘树庆. 环境保护概论 [M]. 北京：化学工业出版社，2011.
[10] 王英健. 环境保护概论 [M]. 北京：中国劳动社会保障出版社，2010.
[11] 马越. 环境保护概论 [M]. 北京：中国轻工业出版社，2011.
[12] 刘芃岩. 环境保护概论. 北京：化学工业出版社，2011.
[13] 祖彬. 环境保护基础. 哈尔滨：哈尔滨工程大学出版社，2007.
[14] 桂和荣. 环境保护概论 [M]. 北京：煤炭工业出版社，2002.

第四章　水污染及其防治

> **【内容提要】**　水污染治理是环境保护工作的重点，也是缓解水资源危机的主要措施。本章主要讲解水污染来源、水污染分类、水污染现状、水污染控制及污水处理技术和水的资源化等内容。
>
> **【重点要求】**　本章要求了解水污染源的类型、水污染现状、污水处理方法，熟悉水资源化的措施，掌握水环境容量及污水处理的流程。

第一节　概　述

一、水体污染来源及分类

水体污染源分为点污染源和面污染源。工业废水、矿山废水和生活污水等，通过排水管道集中排出，称为点污染源；化肥废水、农药废水和石油废水等通过农田排水及地表径流分散地、成片地排入水体的，形成所谓的面污染源。

水污染分为化学性污染、物理性污染和生物性污染三类。

（一）化学性污染

1. 酸碱污染

酸性废水常含有较多的酸性物质，主要来自矿山排水、黏胶纤维工业废水、钢铁厂酸洗废水及染料工业废水等。碱性废水则主要来自造纸、炼油、制革、制碱等工业。酸碱污染会使水体的 pH 值发生变化，抑制细菌和其他微生物的生长，影响水体的生物自净作用，还会腐蚀船舶和水下建筑物，影响渔业，破坏生态平衡，并使水体不适于做饮用水源或其他工、农业用水。

2. 重金属污染

电镀工业、冶金工业、化学工业等排放的废水中含有各种重金属。重金属（如汞、镉、铅、砷、铬等）排入天然水体后不可能减少或消失，而是通过沉淀、吸附及食物链而不断富集，达到对生态环境及人体健康有害的浓度。

3. 需氧性有机物污染

碳水化合物、蛋白质、脂肪和酚、醇等有机物可在微生物作用下进行分解，分解过程中需要消耗氧，因此被统称为需（耗）氧性有机物。有机物排入水体，会引起微生物繁殖和溶解氧的消耗。生活污水和工业废水，如食品工业、石油化工工业、制革工业、焦化工业等废水中都含有大量有机物。当水体中溶解氧降低至 4mg/L 以下时，鱼类和水生生物将不能在水中生存。水中的溶解氧耗尽后，有机物由于厌氧微生物的作用发酵，生成大量硫化氢、氨、硫醇等带恶臭的气体，使水质变黑发臭，造成水环境严重恶化。

4. 营养物质污染

生活污水和某些工业废水中含有一定数量的氮、磷等营养物质，农田径流中也常携带大量残留的氮肥、磷肥，这类营养物质排入湖泊、水库、港湾、内海等水流缓慢的水体，会造成藻类大量繁殖，这种现象被称为"富营养化"。大量藻类的生长减少了鱼类的生存空间，藻类死亡腐败后会消耗溶解氧，并释放更多的营养物质，最终导致水质恶化，鱼类死亡，水草丛生，湖泊衰亡。

5. 有机毒物污染

各种有机农药、有机染料及多环芳烃、芳香胺等，往往对人及生物体具有毒性，有的能引起急性中毒，有的导致慢性病，有的是致癌、致畸、致突变物质。有机毒物主要来自焦化、染料、农药、塑料合成等工业废水，农田径流中也有残留的农药。这些有机物大多具有较大的分子和较复杂的结构，不易被微生物所降解，在生物处理和自然环境中均不易去除。

（二）物理性污染

1. 悬浮物污染

各类废水中均有悬浮杂质，排入水体后影响水体外观，增加水体的浑浊度，妨碍水中植物的光合作用，对水生生物生长不利。悬浮物还有吸附凝聚重金属及有毒物质的能力。

2. 热污染

热电厂、核电站及各种工业都是用大量水冷却，当温度升高后的水排入水体时，将引起水体水温升高，溶解氧含量下降，微生物活动加强，某些有毒物质的毒性作用增加等，对鱼类及水生生物的生长有极其不利的影响。

3. 放射性污染

主要由原子能工业及应用放射性同位素的单位引起。

（三）生物性污染

生物性污染主要是致病菌及病毒的污染。生活污水特别是医院污水，带有一些病原微生物，如伤寒、副伤寒、霍乱、细菌性痢疾的病原菌等。这些污水流入水体后，将对人类健康及生命安全造成极大威胁。

二、水体自净和水环境容量

（一）水体自净

水体自净能力是指水体通过流动和物理、化学、生物作用，包括稀释、扩散、沉淀、氧化还原、生物降解、微生物降解等，使进入水体的污染物质迁移、转化，使水体水质得到改善，经过一段时间逐渐恢复到原来的状态和功能。

1. 水体的物理自净

是由于稀释、扩散、沉淀和混合等作用而使污染物在水中的浓度降低的过程。污染物质进入水体后，存在两种运动形式：一是由于水流的推动而产生的沿着水流前进方向的运动，称为推流或平流；二是由于污染物质在水中浓度的差异而形成的污染物从高浓度处向低浓度处迁移，称为扩散。

2. 水体的化学自净

是由于氧化、还原、分解、化合、凝聚、中和、吸附等反应而引起的水中污染物浓度降低的过程。其中氧化还原是水体化学自净的主要作用，水体中的溶解氧可与某些污染物产生氧化反应，如铁、锰等重金属离子可被氧化成难溶性的氢氧化铁、氢氧化锰而沉淀，硫离子可被氧化成硫酸根随水流迁移。还原反应则多在微生物的作用下进行，如硝酸盐在水体缺氧条件下，由于反硝化菌的作用还原成氮而被去除。

3. 水体的生化自净

有机污染物进入水体后在微生物作用下氧化分解为无机物的过程，可以使有机污染物的浓度大大降低，这就是水体的生化自净作用。生化自净过程实际上包括了氧的消耗和氧的补充（恢复）两方面的作用。氧的消耗过程主要取决于排入水体的有机污染物的数量，也要考虑排入水体中氨氮的数量以及废水中无机性还原物质（如二氧化硫）的数量。氧的补充和恢复有两个途径：一是大气中的氧向含量不足的水体扩散，使水体中的溶解氧增加；二是水生植物在阳光照射下进行光合作用释放氧气。

（二）水环境容量

1. 概念

水环境是生态系统、外界物质输入、能量交换、信息反馈和自我调节综合作用的结果，水环境容量则是反映水生态环境与社会经济活动的密切关系的度量尺度。水环境容量是指在一定的水质目标下，水体环境对排放于其中的污染物质所具有的容纳能力。

2. 水环境容量的特征

① 自然属性。水环境容量是水体的自然属性在社会发展到一定程度的附属概念。水环境容量不能独立存在，而是依附于一定的水体和人类社会，水环境容量的存在即其附属性为自然属性的表征。

② 社会属性。社会经济的发展对水生态系统的影响强度和人类对水环境要求的目标，是水环境容量的主要影响因素。

③ 时空属性。空间内涵体现在不同区域社会经济发展水平、人口规模、生产技术条件及其水资源量、生态、环境等方面的差异，致使资源量相同、存在于不同区域的水体在相同时间段上的水环境容量是不同的。时间内涵表现在同一水体在不同历史阶段的水环境容量是变化的，社会经济发展水平、环境目标、科技水平、污水处理率等在不同历史阶段均有可能不同，从而不同程度地影响水生态系统，导致水环境容量不同。

④ 动态性。水环境容量的影响因素分为内部因素和外部因素。

⑤ 多边性。水环境是一个复杂多变的复合体，容量大小除受水生态系统和人类活动的影响外，还取决于社会发展需求的环境目标。生态系统的随机性和外界影响的不确定性决定了水环境容量的多变性，水环境容量是水生态系统自然规律参数、社会发展变化和环境质量需求参数的多变量函数。

⑥ 多层面性。客观存在的水环境是多个变量的复合函数，多个变量可以归结到经济、社会、环境、资源四个不同层面，各个层面彼此关联、相互影响。

三、水污染现状

我国是一个缺水国家，人均水资源只有世界平均水平的1/4，全国600多个城市目前大约有一半的城市缺水。水污染物和浪费水资源这两方面使全国水环境形势十分严峻，形成影响未来中国发展和安全的多重水危机。高耗能、高耗水、高污染产业较多，污水、固体废物、废油、化学品等源源不断地排入江、河、湖、海；地下水也受到了严重污染的威胁。水污染现状突出表现在以下几个方面。

（一）水污染状况相当普遍

监测数据显示，2007年全国废水排放总量556.8亿吨，比上年增加3.7%。其中工业废水排放量246.6亿吨，占废水排放总量的44.3%，比上年增加2.7%；城镇生活污水排放量310.2亿吨，占废水排放总量的55.7%，比上年增加4.5%。其中一半左右的工业废水排放不达标，其他未经处理的废水直接排入自然水体，致使全国 26.7% 的地表水断面水质为劣 V 类标准（最低标准），基本丧失使用功能。全国 7 大水系总体为中度污染，其流经城市的河段普遍受到污染。

（二）水污染治理仍然滞后

工业点源污染、城镇生活污染、农业与农村面源污染相互交织、相互叠加，构成复合型污染。企业违法排污现象屡禁不止，甚至排放有毒有害物质。城市污水处理率比较低，已建成的污水处理厂因经费等原因运行负荷不足。

（三）水环境安全存在隐患

据统计，全国 2 万多家化工企业中，位于长江沿岸的有近万家，黄河沿岸的近 3800 家。环境隐患较多，一旦诱因出现随时有可能引发大范围水污染事件。2005 年松花江水污染事件，2007 年以来，太湖、巢湖、滇池相继大规模暴发蓝藻，一些重要的饮用水源受到污染，严重影响群众的生产生活。由于缺水和水污染给经济发展、城市建设和人民健康带来极大危害，全国估计每年水污染造成的经济损失约 300 亿元。

（四）水资源利用效率低，浪费严重

目前我国平均每立方米水实现国内生产总值仅为世界平均水平的 1/5，农业灌溉用水有效利用系数为 0.4 左右，而发达国家为 0.7～0.8；一般工业用水重复利用率在 50% 左右，发达国家已达 85%。

（五）水生态遭到破坏

一些地方河流水资源开发利用率超过生态警戒线，江河流域生态功能严重失调。

第二节　水污染控制

一、水污染控制的基本原则

加强生产管理，禁止跑冒滴漏；清洁生产，节约水资源；综合利用，减少污染负荷；加强治理，达标排放；合理规划，提高接纳水体的自净能力。对废水治理工程来说，主要任务是降低废水的污染程度。

二、水污染控制的基本途径

（一）减少污染因子的产生量

废水中的污染物是生产工艺过程的产物，通过改革生产工艺和合理组织生产过程，尽量不产生或少产生污染因子，从源头削减。这方面的措施有：加强生产管理，改变生产程序，变更生产原料、工作介质或产品类型。如实现水的循环（闭路循环）使用、在生产中降低化学品的用量和用比较容易处理的化学品代替较难处理的化学品以及采用低费用、高效能的净化处理设备和"三废"综合利用措施进行最终处理和处置等。

例如在电镀工艺中采用低毒或微毒的原料，代替剧毒物质氰，从根本上消除剧毒物质氰及其污染物的产生，并且采用逆法冲洗，可以减少废水排放；采用酶法脱毛制革代替灰碱法，不仅避免了危害性大的碱性废水的产生，而且酶法脱毛废水稍加处理，即可成为灌溉农田的化肥水；采用离子交换法代替汞法电解制取氢氧化钾，可完全杜绝含汞废水的产生；石油、化工、钢铁等行业产生的冷却废水经澄清、冷却降温等简单工艺后，就能重复利用到工艺中。

（二）减少污染因子的排放量

为了减少污染物的排放及节约原料和能源，要考虑有用物质的回收利用，实现"变废为宝"。工业废水的污染物质，大部分是在生产过程中进入水中的原材料、半成品、成品、工作介质和能源物质，若对其加以回收，就能减少污染物的排放量。如黏胶纤维中的酸和锌的循环使用；染料生产中丝光淡碱和染料的回收利用；味精废水中谷氨酸和菌体蛋白的回收利用，都取得了很好的经济效益，并减少了废水量和污染物的浓度。废水中的污染物质回收利用实现了化害为利，使其成为有用的物质，既防止了污染危害又创造了财富。

第三节　污水处理方法

一、物理处理法

（一）概述

通过物理作用分离、回收污水中不溶解的呈悬浮状的污染物质（包括油膜和油珠），在处理过程中不改变其化学性质。物理法操作简单、经济，包括沉淀法、过滤法、气浮法及离心分离法等。

（二）物理处理法分类

（1）沉淀法　利用污水中呈悬浮状的污染物和水密度不同的原理，借重力沉降（或上浮）作用，使水中悬浮物分离出来。沉淀处理设备有沉砂池、沉淀池和隔油池。在污水处理中，沉淀法常作为其他处理方法的预处理。

（2）过滤法　利用过滤介质截流污水中的悬浮物。过滤介质有钢条、筛网、砂布、微孔等，常用的过滤设备有格栅、栅网、微滤机、砂滤机、真空滤机、压滤机等，后两种滤机多用于污泥脱水。

（3）气浮法（浮选法）　本法将空气通入污水中，并以微小气泡形式从水中析出成为载体，将污水中相对密度接近水的微小颗粒的污染物质（如乳化油）黏附在气泡上，并随气泡上升至水面，使污染物质从污水中分离出来。根据空气打入方式不同，气浮处理方法有加压气浮法、叶轮气浮法和射流气浮法等。

（4）离心分离法　含有悬浮污染物质的污水在高速旋转时，悬浮颗粒和污水受到的离心力大小不同而被分离出来的方法。常用的离心设备按离心力产生的方式可分为两种：由水流本身旋转产生离心力的为旋流分离器，由设备旋转同时也带动液体旋转产生离心力的为离心分离机。

（三）物理处理法设备

（1）格栅　由一组平行的刚性栅条或穿孔板等制成的废水预处理装置，栅隙通常是矩形缝或圆孔。按照栅隙大小的不同，格栅分为粗格栅（6～15cm），细格栅（＜6cm）和微滤机（＜50μm）三类。粗格栅拦截废水中的大块漂浮物；细格栅去除废水中较小的漂浮物；微滤机处理或者对处理后的出水进一步去除微细固体。

（2）沉砂池　去除污水中的泥沙、煤渣等相对密度较大的无机颗粒，控制进入沉砂池的污水流速或旋流速度，使相对密度大的无机颗粒下沉，而有机悬浮颗粒则随水流带走。

（3）沉淀池　分为初次沉淀池和二次沉淀池。初次沉淀池是一级污水处理厂的主体处理构筑物，或作为二级污水处理厂的预处理构筑物设在生物处理构筑物的前面，处理悬浮物质，约可去除 $40\% \sim 55\%$ 的悬浮固体（SS），同时可去除 $20\% \sim 30\%$ 的 BOD_5，二次沉淀池设在生物处理构筑物（活性污泥法或生物膜法）的后面，用于沉淀去除活性污泥或腐殖污泥。

二、化学处理法

（一）概述

利用化学反应分离、转化、破坏或回收废水中的悬浮、溶解、胶体的污染物使其转化为无害物质的处理方法。常用的方法有化学沉淀法、混凝法、中和法、氧化还原法等。

（二）化学处理法分类

（1）**化学沉淀法**　向污水中投加某种化学物质，使它与污水中的溶解物质发生化学反应，生成难溶于水的沉淀物，然后通过沉淀或气浮加以分离的方法。这种方法可去除钙、镁硬度，及重金属（如 Hg、Zn、Cd、Cr、Pb、Cu 等）和某些非金属（如 As、F）离子态污染物、氰化物等。化学沉淀法可分为石灰法（又称氢氧化物沉淀法）、硫化物沉淀法、钡盐沉淀法和碳酸盐沉淀法等。

（2）**混凝法**　向水中投加混凝剂，可使污水中的胶体颗粒失去稳定性，凝聚成大颗粒而下沉。通过混凝法可去除污水中的细微固体颗粒、乳状油及胶体物质，可降低污水的浊度和色度，去除多种高分子物质、有机物、重金属毒物（汞、铬、铅等）和放射性物质，也可以去除能够导致富营养化的物质如磷等可溶性无机物，还可以改善污泥的脱水性能。

（3）**中和法**　因废水的酸碱性不同而不同，选择中和处理方法时首先应考虑以废治废。酸性废水，主要用碱性废水互相中和、药剂中和及过滤中和三种方法；碱性废水主要用酸性废水互相中和、药剂中和两种方法。例如用不同工业出口排出的酸性废水和碱性废水互相中和，或者用废碱渣（电石渣、碳酸钙、碱渣等）中和酸性废水。碱性废水可吹入含有 CO_2 等酸性的烟道气体进行中和，也可用其他的酸性物质。只有在没有以废治废的条件时才考虑采用药剂中和，碱性药剂有石灰、石灰石、白云石、苏打、苛性钠等；酸性药剂有硫酸、盐酸等。

（4）**氧化还原法**　利用液氯、过氧化氢、臭氧、高锰酸钾等强氧化剂或利用电解的阳极反应，将废水中的有害物质氧化分解为无害物质；利用还原剂或电解的阴极反应，将废水中的有害物还原为无害物质。与生物氧化法相比，化学氧化法需要较高的运行费用。目前化学氧化法仅用于饮用水处理、特种工业水处理、有毒工业废水处理和废水深度处理等有限场合。

三、物理化学处理法

（一）概述

利用萃取、吸附、离子交换、膜分离技术、气提等操作过程，处理或回收利用工业废水的方法称为物理化学法。工业废水在应用物理化学法进行处理或回收利用之前，一般均需先经过预处理，尽量去除废水中的悬浮物、油类等杂质，并调整废水的 pH 值，以便提高回收效率及减少损耗。

（二）物理化学处理法分类

（1）**吸附法**　利用多孔性的固体物质，使污水中的一种或多种物质被吸附在固体表面而去除的方法。常用的吸附剂有活性炭和焦炭等。吸附法主要用于脱色、除臭、脱除重金属和各种溶解性有机物及放射性元素等。吸附法既可以作为离子交换、膜分离等方法的预处理手段，也可以作为废水深度处理方法。常用的吸附设备有固定床、移动床和流动床三种方式。

（2）离子交换法　不溶性离子化合物（离子交换剂）上的交换离子与溶液中同性离子的交换反应，是一种特殊的吸附过程，通常是可逆性化学吸附。离子交换法是水处理中软化和除盐的主要方法之一，在污水处理中，主要用于去除污水中的金属离子。离子交换剂分为无机和有机两大类。无机离子交换剂包括天然沸石、合成沸石、锆等，是一类硅质的阳离子交换剂，成本低，但不耐酸碱。有机离子交换剂包括磺化煤和各种离子交换树脂。目前在水处理中广泛使用的是离子交换树脂。

（3）萃取法　将不溶于水的溶剂投入污水中，污水中的污染物质溶于溶剂中，然后利用溶剂与水的密度差，将溶剂分离出来。再利用溶剂与污染物质的沸点差，将污染物质蒸馏回收，再生后的溶剂可循环使用。

（4）膜工艺　膜分离是利用物质透过一层特殊膜的速度差而进行分离、浓缩或脱盐的一种分离过程。膜特殊的结构和性能使其具有对物质的选择透过性，在膜分离过程中不伴随相变，不用加热，可节约能源，投资省，设备结构紧凑，效能高，占地面积小，操作稳定，适宜于连续化生产，有利用实现自动控制。常用的膜分离过程有超滤、反渗透、电渗析等。近年来，膜分离技术发展很快，在水和废水处理、化工、医疗、轻工、生化等领域得到广泛应用。

四、生物处理法

（一）概述

生物处理废水是利用微生物的生命活动过程，对废水中的污染物进行转移、转化、净化，从而起到减轻污染、保护环境的作用，与其他方法相比，具有管理费用低、适用范围广、成本低、效率高、效果好等特点。污水的生物处理法是利用微生物新陈代谢功能，使污水中的溶解性、胶体的、细微悬浮状态的有机污染物转化为稳定的无害物质，最终泥水分离的废水处理方法，使污水得以净化。

（二）生物处理法分类

生物处理的方法有厌氧生物处理法、活性污泥法、厌氧-好氧活性污泥法、生物膜法和氧化塘法。

1. 厌氧生物处理法

在没有游离氧的情况下，在厌氧细菌或兼性细菌的作用下，处理污水中的沉淀污泥和高浓度的有机废水，将复杂的有机物，转化成简单、稳定的化合物，同时释放能量的方法。其优点为：不需要氧、运行费用低、可回收利用生物能、减少致病菌、减少臭味、缩小体积、易于处置、处理出水中 COD 的脱除效果好。其缺点为：反应速度较慢、反应时间长、反应器容积大、消耗能源，厌氧微生物对废水中的有毒物质较为敏感，容易导致反应器运行条件的恶化。

2. 活性污泥法

利用悬浮的活性污泥处理废水的一种好氧生物处理方法。生物絮体又称活性污泥，是由细菌、菌胶团、原生生物、后生动物等微生物群体及吸附的污水中有机和无机物质组成，有一定活力的、具有良好的净化污水功能的絮绒状污泥。活性污泥法处理废水，活性污泥在曝气过程中，对有机物的降解过程可分为两个阶段，即生物吸附阶段和生物稳定阶段。其优点为：工艺成熟、反应速度快、反应时间短、容器小、不产生异味、运行条件控制简单。其缺点为：只能用于有机物浓度较低的生物处理，并产生大量的剩余污泥。

① 传统活性污泥法　传统活性污泥法的基本流程：由曝气池、二次沉淀池、曝气系统以及污泥回流系统组成。由初次沉淀池流出的废水与从二次沉淀池底部回流的活性污泥同时进入曝气池，成为混合液。在曝气池的作用下，混合液充分曝气，并使活性污泥和废水充分

接触。废水中的可溶性有机污染物被活性污泥所吸附，并被微生物群体所分解，使废水得到净化。其工艺流程如图 4-1 所示。

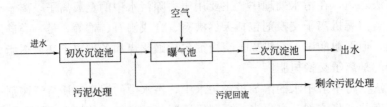

图 4-1　传统活性污泥法工艺流程

② 氧化沟活性污泥法　氧化沟活性污泥法是将传统活性污泥法中的生物反应池用氧化沟来代替，其他保持不变。氧化沟具有出水水质好、耐冲击负荷强、运行稳定、管理简单、污泥量少等优点，得到广泛的应用。

氧化沟包括卡鲁塞纳氧化沟、奥贝利氧化沟、三沟式氧化沟和厌氧段加氧化沟等。

③ SBR 法　在较短的时间内把污水加入到反应器中，并在反应器充满水后开始曝气，污水中的有机物通过生物降解达到排放要求后停止曝气，沉淀一定时间后将上清液排出。其基本流程为：短时间进水、曝气反应、沉淀、短时间排水、进入下一个工作期。

④ AB 法　一种生物处理新工艺，属超负荷活性污泥法，AB 法与传统活性污泥法相比，处理效率高、运行稳定性好、工程投资及运行费用少，是一种非常有效的生物处理方法。

3. 厌氧-好氧活性污泥法

利用厌氧生物处理法和好氧生物处理法各自优点，在传统的活性污泥法基本流程的基础上，将厌氧状态组合到活性污泥法中，在生化反应池中隔开一段作为厌氧段，其他部分仍然保留好氧状态的方法；或使生化反应池反复周期地实现厌氧、好氧状态的方法。该方法出水水质好、耐冲击负荷强、脱氮除磷效果好。

厌氧-好氧活性污泥法包括脱氮为主的 A/O 法，除磷为主的 A/O 法和除磷脱氮的厌氧-缺氧-好氧活性污泥法（A^2/O 法）。处理工艺流程如图 4-2～图 4-4 所示。

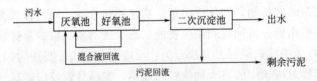

图 4-2　脱氮为主的 A/O 法工艺流程

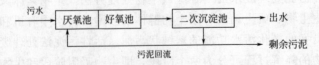

图 4-3　除磷为主的 A/O 法工艺流程

4. 生物膜法

生物膜法是利用附着生长在滤料表面高度密集的好氧菌、厌氧菌、兼性菌、真菌、原生动物以及藻类等组成生态系统的微生物，去除废水中呈溶解和胶体状有机污染物的方法。它具有水质、水量、水温变动的适应性强、剩余污泥量少、不存在污泥膨胀、动力费用低及处

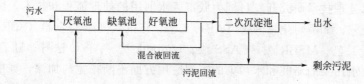

图 4-4 除磷脱氮 A^2/O 法工艺流程

理效果好等优点,广泛应用于食品、造纸、农药、印染和石油等工业废水的处理。

5. 氧化塘法

氧化塘法是利用水塘中的微生物和藻类对污水和有机废水进行需氧生物处理的方法,是好氧性分解作用、厌氧性分解作用和光合作用互相影响的净化过程。废水经厌氧生物降解,再经需氧生物降解,转化成水质稳定的出水。但存在着效率低、需要的空间位置大、产生臭味、受温度波动的影响大等缺点,只能在气候适宜的地方使用,目前只在造纸、食品加工等工业废水处理中应用。近几年来,随着土地处理系统的迅速发展,出现了污水曝气湖等新型氧化塘,不仅能有效地处理废水,且可利用废水中的有机物在生物氧化过程中转化成的藻类蛋白养鱼、养鸭等,获得了良好的经济效益。

五、城市污水的处理

(一) 概述

城市污水是城市内生活污水、工业废水和大气降水的混合物,其性质因城市规模、气候条件、排水浓度等因素而不同,但对工业所排放的特殊污染物,如重金属、酸、碱、有毒物质、油类等工业废水有内部治理措施时,一般的城市污水的性质是相似的。城市污水以有机污染最为严重,表现为水体中的 BOD_5、COD 严重超标,还含有不少难以被生物降解的甚至是有毒有害的有机物。此外,氮、磷物质引起的富营养化污染也非常严重。

城市污水处理目标有 2 个阶段。阶段 1:长期以来,城市污水的处理均以去除 BOD_5 和 SS 为目标,并不考虑对氮、磷等无机营养物物质的去除。阶段 2:随着化肥、洗涤剂和农药的普遍应用,污水中氮、磷的含量大大增加,去除水中的有机物已不足以保持水质,去除 BOD_5、SS、氮和磷同时成为废水处理目标。

(二) 城市污水处理方法

传统城市废水的处理方法分为物理法、化学法和生物法。按其排放水质的要求不同,一般包括 3 级处理工序。一级处理(物理处理)主要去除粗颗粒固体、悬浮物质、大粒径胶体等。一级处理仅能去除城市废水中 30% 的 BOD_5,40% 的悬浮物。二级处理(生物处理)利用微生物的新陈代谢功能,在生化反应器中,使污水有机污染物被降解转化为无害物质。二级处理 BOD_5 的去除率可以达到 90% 以上,BOD_5 的浓度降到 $20\sim30mg/L$,出水 BOD_5 达排放标准,但氮、磷可能不达标。为了防止水体富营养化,防止藻类的过度繁殖,二级生化处理后的污水再进行三级处理(深度处理),去除氮、磷、其他微量的杂质和残留有机物,使污水成为新的资源。传统的处理方法有:传统活性污泥法、生物膜法、生物接触氧化法。

一般的城市污水工艺流程为:粗格栅-细格栅-初次沉淀池-生化池-二次沉淀池-陶粒滤料-快滤池-消毒池-回用。

(三) 城市污水处理新技术

随着石油化工和有机化工的发展,有机物的种类和数量不断增加,需要处理的城市废水水质越来越复杂,新的城市废水处理生物复合技术有:膜法+生物法、化学法+生物法等。

近年来城市污水处理技术研究开发目标为城市废水回用的处理流程和技术，由此开发了许多废水处理的新工艺，如吸附生物降解（AB）工艺、序批式间歇反应器（SBR）、膜分离活性污泥法、氧化沟工艺、MSBR 法、CASS 法、Unitank 法、A^2/O 法等。随着现代科学技术的理论与方法在水污染的研究和水污染的控制应用方面不断拓宽与加深，城市污水处理技术将会得到迅速发展。我国目前污水处理技术市场需求相当大，氮、磷营养物质的去除仍为重点和难点，由工业废水治理单独分散处理转为城市污水集中处理，水质控制指标越来越严。

第四节　水资源化

我国水资源紧缺，人均占有量是世界平均水平的 1/4，分布极不均匀。随着人口的增长，城市化、工业化以及灌溉对水需求的日益增加，水资源短缺问题日益严重。为提高水资源的利用率，除兴修水利等建设外，应积极采取措施保护宝贵的水资源，可以采取以下措施。

一、提高水资源利用率

（一）减少农业用水，实施科学灌溉

农业水资源利用效率低，农业用水中降水利用率仅为 40％～50％，灌溉用水中有 1/3 左右的水被蒸发，1/3 左右的被深层渗漏掉，真正有效利用的仅为 30％～40％。

1. 积水灌溉

旱区降雨量稀少又无良好的灌溉条件，农业生产以雨养农业为主，这类地区应在雨季将雨水集中贮存和集中灌溉。

2. 改进灌溉措施

传统农业的灌溉以大水漫灌为主，水资源浪费严重。随着农业科技的发展，新型的灌溉方法如喷灌、滴灌和微灌技术已得到推广应用。同时应加大对新的灌溉技术的研究、开发与引进，节约用水。

3. 耕作保墒节水

采用深耕松土、镇压、少耕和免耕等耕作方法，可以疏松土壤，增加雨水渗入量，减少降雨地面径流，提高天然水的蓄积能力，同时又减少土壤水分蒸发，保持土壤墒情。

4. 化学药剂保湿

在生产上使用地面保湿剂、吸水保湿剂等，保水抗旱效果明显。

5. 地膜覆盖技术

地膜覆盖能改善作物生长的小气候，抑制土壤水分蒸发，减少作物遭受干旱危害，但地膜对耕地造成白色污染，选择地膜应选择光解膜，但是成本较高。

6. 秸秆还田

秸秆覆盖不仅能充分利用作物秸秆，改善作物的生育环境，而且有明显的节水抑蒸、增肥、增产效果。

（二）降低工业用水量，提高水的重复利用率

采用清洁生产工艺，提高工业用水重复利用率。我国工业用水重复利用率已有了较大的提高，但与发达国家相比，还有较大的差距。全国各城市陆续开始对居民生活用水征收污水处理费，建设排水渠道的清污分流设施和污水处理厂，城市污水再生处理水平将会有较大提高。例如某市城市污水处理厂于 2002 年底建成投运，处理能力 $4 \times 10^4 t/d$，采用 AB 法生物处理工艺，

设计出水水质达到国家二级排放标准。2004 年污水处理厂共处理污水 $936 \times 10^4 \mathrm{t}$，其中生活污水 $747 \times 10^4 \mathrm{t}$，出水水质符合设计要求，并用于下游的农灌、林灌。为了确保南水北调调水水质，污水处理厂将建设 $3.0 \times 10^4 \mathrm{t/d}$ 的中水回用设施，并扩大处理能力至 $6 \times 10^4 \mathrm{t/d}$，同时进行除磷脱氮和配套管网建设，工程建成后，城市规划区内排放的污水全部进入污水处理厂，出水水质达到中水回用标准。目前该污水处理厂日处理废水 $5.0 \times 10^4 \mathrm{t}$，其中 $2 \times 10^4 \mathrm{t}$ 外排，用于农灌、林灌。$2.5 \times 10^4 \mathrm{t/d}$ 的中水预计回用于洗焦用水，既获得经济效益又不浪费资源；$0.5 \times 10^4 \mathrm{t/d}$ 的中水预计用于市政环卫、景观园林和住宅冲厕用水。该城市中水预计这一项工程每年可节约水资源 $1095 \times 10^4 \mathrm{t}$。

（三）提高城市生活用水利用率，回收利用城市污水

我国城市自来水管网的跑、冒、滴、漏损失至少达城市总生活用水量的 20％，家庭用水浪费现象普遍，通过节水措施可以减少无效或低效耗水。①水表安装与计量：通过一户一表的形式对每个家庭和大型企业改包费制为计量收费制的方法节约城市居民和企业的生活用水。②采用节水型器具，包括节水型便具、节水型淋浴器具和洗涤器具；利用中水回用系统的再生水冲洗马桶等。③城市节水灌溉：微喷灌和滴灌等新技术用于景观园林等，比原来的地面灌节水 30％～50％，同时节省了大量劳力。

二、调节水源量、开发新水源

① 建造水库，调节流量。可使丰水期补充枯水期不足水量，还可以有防洪、发电、发展水产等多种用途，但必须注意建库对流域和水库周围生态系统的影响。

② 地下蓄水即是人工补充地下水，解决枯水季节的供水问题。已有 20 多个国家在积极筹划，在美国加利福尼亚州每年就有 25 亿立方米的水贮存地下，荷兰每年增加含水层储量 200 万～300 立方米。

③ 海水淡化可以解决海滨城市淡水紧缺问题。沙特阿拉伯、伊朗等国家海水淡化能力占世界的 60％。

三、加强水资源管理

通过水资源管理机构，强化水资源的统一管理，实现水资源的可持续利用，建立节水防污型社会，促进资源与社会经济、生态环境协调发展。制定合理利用水资源和防治污染的法规，采用经济杠杆，降低水浪费，提高水利用率。

① 坚持以总量控制为核心，实现科学配置水资源。按照"限制使用地下水、鼓励使用中水、科学利用河水"的原则，进一步优化城镇供水管网建设，不断调整用水结构，全力满足农业、工业、生态、城镇用水需求。重点加强污水处理厂的运行监管，强化水质监测，并全部实现达标排放。

② 坚持以水功能区管理为重点，切实加强水资源保护。实行严格的取水许可，加强地下水动态监测工作，对超采区和限采区从严控制审批手续，逐步实现采补平衡。严格入河排污口监督管理，确保水体水质安全。

③ 坚持以提高用水效益为中心，着力推进节水型社会建设。加大推进重点行业和高耗水企业的节水改造力度，大幅度提高用水效率。进一步加大水法宣传力度，努力营造一个全民节水、全社会节水的良好氛围。

④ 强化行政执法队伍，严格规范水资源管理行为。努力建设一支"文明执法、科学执法、严格执法"的高素质行政执法队伍。

复习思考题

1. 水污染分哪几类？污染源有哪些？
2. 水体自净的含义是什么？水污染容量的含义是什么？
3. 水污染控制的基本原则是什么？
4. 污水处理方法如何分类？
5. 生物处理法如何分类？
6. 城市污水处理流程是什么？
7. 水资源化的途径有哪些？

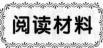

4-1　罗马尼亚金矿氰化物污染事件

　　2000 年 1 月底，罗马尼亚北部遭受了大暴雨，致使一金矿污水沉淀池漫坝，10 多万升含有大量氰化物、铜和铅等重金属的污水冲泄到多瑙河支流蒂萨河，并顺流南下，迅速汇入多瑙河向下游扩散，造成河鱼大量死亡，河水不能饮用。匈牙利等国家深受其害，匈牙利政府当即下令环境保护部门密切监测，蒂萨河水中氰化物的含量瞬间为正常含量的 700 倍。如此剧毒的河水，鱼儿根本无法生存。往日那生机勃勃的蒂萨河被杀机所笼罩，死亡的鱼群覆盖着整个河面。昔日欢畅的河水变成了一片寂静的坟场。沿岸渔民更是欲哭无泪，蒂萨河是匈牙利境内水产最丰富的河流之一。千百年来，渔业一直是沿岸居民的生活来源。污染事件发生后，蒂萨河中每升水里氰化物含量超过了 2.7mg，为正常量的 130 倍，死鱼到处可见，渔民的生计受到了威胁。

　　2 月 11 日，剧毒物质随着蒂萨河水滚滚而下，进入前南斯拉夫境内，并在两天后侵入国际性的水系多瑙河，美丽的多瑙河成了死亡之河。河中的鱼儿大面积死亡，河岸两旁的动植物也难逃此劫。蒂萨河及其支流内 80% 的鱼儿已死亡。罗马尼亚、匈牙利、前南斯拉夫三国政府宣布：蒂萨河沿河地区进入紧急状态。有的专家认为，这次氰化物泄漏污染蒂萨河、多瑙河事件，是欧洲近半个世纪里遭遇的第二起最严重的环境灾难。

　　罗马尼亚金矿氰化物泄漏，严重破坏了多瑙河流域的生态环境，并引发了国际诉讼。这就是引起全球对国际河流污染问题高度关注的罗马尼亚金矿氰化物污染事件。

4-2　美国墨西哥湾原油泄漏

　　2010 年 4 月 20 日夜间，位于墨西哥湾的"深水地平线"钻井平台（这个油井刚要完工，尚未投产，由英国石油公司所有）发生爆炸并引发大火，大约 36h 后沉入墨西哥湾，11 名工作人员死亡。钻井平台底部油井自 2010 年 4 月 24 日起漏油不止。事发半个月后，各种补救措施仍未明显奏效，沉没的钻井平台每天漏油达到 5000 桶，并且海上浮油面积在 2010 年 4 月 30 日统计的 9900km² 的基础上进一步扩张。

　　5 月 27 号专家调查显示，海底部油井漏油量从每天 5000 桶，上升到 2.5 万～3 万桶，演变成美国历史上最严重的油污大灾难。原油漂浮带长 200km，宽 100km，而且还在进一步扩散，排污行动可能会持续数月。为了帮助美国排除原油泄漏造成的污染，10 多个国家和国际组织向美国伸出援手。2010 年 6 月 23 日美国墨西哥湾原油泄漏事故再次恶化：原本用来控制漏油点的水下装置因发生故障而被拆下修理，滚滚原油在被部分压制了数周后，重新喷涌而出，继续污染墨西哥湾广大海域。

尽管人们都清楚，这次原油泄漏必然造成环境、生态灾难并影响人类的健康，但目前还不知道灾难会有多大。当然，原油泄漏的近期危害首先是对海洋生物和生态的危害。原油会把大量的海鸟困在油污中，一旦羽毛沾上油污，海鸟就难以承受沾在身上的原油的重量，无法飞走，于是被迫滞留在油污中，或窒息或溺毙。当然，海鸟更多的是中毒而亡。同样，被原油污染的海洋生物，如海豹和海龟等，也会试图一次次跃出水面，把皮毛上的油污甩掉。但由于污染面积宽广，而且油污严重，它们最后都会挣扎得精疲力竭，无力地沉入海底。海象和鲸等大型海洋动物，也面临同样的厄运。大多数动物一旦受困于浮油，几天甚至几小时内就会死亡。原油泄漏的前车之鉴已经提供了灾难的样本。1989 年 3 月 24 日，"埃克森·瓦尔迪兹"号油轮在美国阿拉斯加州附近海域触礁，3.4 万吨原油流入阿拉斯加州威廉王子湾。这一世界上最严重的原油泄漏事故之一在多年后才有了初步的灾难估计。2009 年埃克森·瓦尔迪兹原油泄漏信托委员会发布报告称，事故留下了"灾难性环境后果"，造成大约 28 万只海鸟、2800 只海獭、300 只斑海豹、250 只白头海雕以及 22 头虎鲸死亡。其实，这只是表面上所看到的情况。那些死亡后沉入海底的海鸟、海豹、海獭和鲸等远不止这些数量。灾难评估报告也称，阿拉斯加地区一度繁盛的鲱鱼产业在 1993 年彻底崩溃，此后再未恢复；大马哈鱼种群数量始终保持在很低水平；这一区域栖息的小型虎鲸群体濒临灭绝。由于这次墨西哥湾原油泄漏发生在动物的繁衍期，可以推断，这次泄漏造成的环境灾难不比"埃克森·瓦尔迪兹"号油轮原油泄漏低。

参考文献

[1] 周群英，王士芬. 环境工程微生物学 [M]. 北京：高等教育出版社，2008.
[2] 高廷耀，顾国维，周琪. 水污染控制工程 [M]. 北京：高等教育出版社，2007.
[3] 刘锐. 一体式膜——生物反应器处理生活污水的中式研究 [J]. 给水排水，1995，15 (1)：1-4.
[4] 鄂学礼，凌波. 饮水污染对健康的影响 [J]. 中国卫生工程学，2006，5 (1)：3-5.
[5] 王凯军. 城市污水生物处理新技术开发与应用 [M]. 北京：化学工业出版社，2011.
[6] 张景丽. 医院污水膜生物反应器（MBR）污泥消毒处理的研究 [D]. 天津：天津大学，2010.
[7] 李彦锋，赵光辉，马鹏程等. 改性载体固体化微生物处理高氨氮废水的研究 [J]. 安徽农业科学，2008 (7)：46-49.
[8] 吴兴赤. 以节水为中心的主鞣水场安排 [J]. 西部皮革，2005，27 (12)：5-8.
[9] 赵庆良，任南琪. 水污染控制工程 [M]. 北京：化学工业出版社，2005.
[10] 吕炳南，陈志强. 污水生物处理新技术 [M]. 哈尔滨：哈尔滨工业大学出版社，2005.
[11] 王燕飞. 水污染控制技术 [M]. 北京：化学工业出版社，2008.
[12] 张自杰. 环境工程手册——水污染防治卷 [M]. 北京：高等教育出版社，1996.

第五章 土壤污染及其防治

【内容提要】 本章主要讲解土壤与土壤的生态系统、土壤污染及其特征特性、土壤退化与防治、土壤环境污染类型和土壤的修复。

【重点要求】 本章重点了解土壤污染的概念、主要污染源与污染物类型，掌握土壤的特征特性，明确重金属、农药、化肥对土壤的污染特征及土壤修复技术。通过本章的学习，对重金属、农药、化肥污染及修复有一个比较系统的了解。

第一节 概　述

一、土壤与土壤的生态系统

（一）土壤及土壤组成

土壤是指陆地表面具有肥力、能够生长植物的疏松表层，其厚度一般在 2m 左右。土壤不但为植物生长提供机械支撑能力，并能为植物生长发育提供所需要的水、肥、气、热等肥力要素。

土壤是由固体、液体和气体三相共同组成的多相体系，它们的相对含量因时因地而异。

土壤固相包括土壤矿物质和土壤有机质，土壤矿物质占土壤固体总质量的 90% 以上；土壤有机质约占固体总质量的 1%～10%，一般在可耕性土壤中约占 5%，且绝大部分在土壤表层。土壤液相是指土壤水分及其水溶物。土壤气相是指土壤中有无数孔隙充满空气。

（二）土壤的生态系统

土壤生态系统从生态学角度讲是地球陆地地表一定地段的土壤生物与土壤及其他环境要素之间相互作用、相互制约，并趋向于生态平衡的相对稳定的系统整体。它是具有一定组成、结构和功能的基本单位。

根据生物组成在土壤生态系统中物质与能量迁移转化中的作用，其结构组成包括：①生产者，高等植物根系、藻类和化能营养细菌。②消费者，土壤中的草食动物和肉食动物。③分解者，细菌、真菌、放线菌和食腐动物等。④参与物质循环的无机物质和有机物质。⑤土壤内部水、气、固体物质等环境因子。

二、土壤污染及其特性

（一）土壤污染与土壤自净能力

土壤的自净能力指污染物进入土壤后，经历一系列的物理、化学和生物过程，污染物逐渐地被分解、转化或排出土体，使土壤表现出净化污染物的能力。近年来人口急剧增长，工业迅猛发展，固体废物向土壤表面堆放和倾倒，有害废水向土壤中渗透，汽车排放的废气、大气中的有害气体及飘尘随雨水降落在土壤中，农业化学水平的提高，使大量化学肥料及农药散落到土壤中，在水土流失和风蚀作用等的影响下，污染面积不断扩大。当土壤中有害物质过多，超过土壤的自净能力，引起土壤的组成、结构和功能发生变化，微生物活动受到抑制，有害物质或其分解产物在土壤中逐渐积累，通过"土壤→植物→人体"或通过"土壤→水→人体"间接被人体吸收，达到危害人体健康的程度，就是土壤污染。凡是妨碍土壤正常功能，降低农作物产量和质量，通过粮食、蔬菜、水果等间接影响人体健康的物质都叫做土壤污染物。

（二）土壤污染危害的特性

（1）隐蔽性和滞后性　土壤环境污染要通过对土壤样品进行分析化验和对农作物的残留量检测以及对摄食的人或动物的健康检查才能揭示出来，从遭受污染到产生"恶果"需要一个相当长的过程。

（2）累积性和地域性　污染物在土壤环境中并不像在水体和大气中那样容易扩散和稀释，因此容易不断积累达到很高的浓度，从而使土壤环境污染具有累积性和地域性特点。

（3）不可逆转性　第一，难降解污染物进入土壤环境后，很难通过自然过程从土壤环境中稀释或消失；第二，对生物体的危害和对土壤生态系统结构与功能的影响不容易恢复。

（4）治理难而周期长　土壤环境一旦被污染，仅仅依靠切断污染源的方法往往很难自我修复，必须采用各种有效的治理技术才能消除现实污染。从目前现有的治理方法来看，仍然存在治理成本较高或周期较长的问题。

三、我国土壤污染现状与危害

（一）土壤污染的现状

我国土壤污染的总体形势严峻，部分地区土壤污染严重，在重污染企业或工业密集区、工矿开采区及周边地区、城市和城郊地区出现了土壤重污染区和高风险区。土壤污染类型多样，呈现出新老污染物并存、无机有机复合污染的局面。土壤污染途径多，原因复杂，控制难度大。土壤环境监督管理体系不健全，土壤污染防治投入不足，全社会防治意识不强。由土壤污染引发的农产品质量安全问题逐年增多，成为影响群众身体健康的重要因素。

（二）土壤污染的危害

（1）土壤污染导致严重的直接经济损失　有机污染物污染农田达 $3600 \times 10^4 hm^2$，主要农产品的农药残留超标率高达 $16\% \sim 20\%$，农膜污染土壤面积超过 $780 \times 10^4 hm^2$；污水灌溉污染耕地 $216.7 \times 10^4 hm^2$，固体废物堆存占地和毁田 $13.3 \times 10^4 hm^2$。每年因土壤污染减产粮食超过 $1000 \times 10^4 t$，造成各种经济损失约 200 亿元。

（2）土壤污染导致农产品品质不断下降　土壤污染导致许多地方粮食、蔬菜、水果等食物中镉、砷、铬、铅等重金属含量超标或接近临界值，农产品中的硝酸盐和亚硝酸盐污染严重，残存的农膜对土壤毛细管水起阻流作用，恶化土壤物理性状，影响土壤通气透水，影响农作物产量和农产品品质。

（3）土壤污染危害人体健康　土壤污染使污染物在植物体内积累，并通过食物链富集到人体和动物体中，危害人体健康，引发癌症和其他疾病。

（4）土壤污染导致其他环境问题　土壤受到污染后，浓度较高的污染土容易在风力和水力作用下分别进入到大气和水体中，导致大气污染、地表水污染、地下水污染和生态系统退化等其他次生生态环境问题。

四、土壤的主要污染源及类型

（一）土壤污染物种类

土壤污染物包括无机物（重金属、酸、盐、碱等）；有机农药（杀虫剂、除锈剂等）；有机废弃物；化学肥料；污泥、矿渣和粉煤灰；放射性物质；寄生虫、病原菌和病毒等。

（二）土壤污染源及类型

1. 水体污染型

利用工业废水或生活污水灌溉农田，污染物随水进入农田污染土壤。

2. 大气污染型

大气中各种气态或颗粒状污染物沉降到地面进入土壤，其中大气中二氧化硫、氮氧化物及氟化氢等气体遇水后，分别以硫酸、硝酸、氟化氢等形式落到地面，造成土壤酸化。

3. 农业污染型

长期施用化肥、农药造成的土壤污染，属于面源型污染。

4. 生物污染型

向农田施用垃圾堆肥、污泥、粪便，或引入医院、屠宰场、牧场等不经过消毒灭菌的污水灌溉土壤，引起病原菌等微生物的污染。

5. 固体废物污染型

包括工矿业废渣、污泥、城市垃圾、粉煤灰、煤屑等固体废物乱堆放，还包括地膜和塑料等白色污染，侵占耕地并通过大气扩散和降水、淋滤使周围土壤受到污染，属于点源型污染。

6. 综合污染型

对于同一区域受污染的土壤，其污染源可能同时来自受污染的地面水体和大气，或同时遭受固体废物以及农药、化肥的污染。因此土壤环境的污染是综合污染型。对一个地区或区域的土壤而言，可能是一种或两种污染类型为主，其他多种污染并存的综合污染。

第二节　土壤的退化及防治

一、土壤退化及其原因

土壤退化是土壤生态遭受破坏的最鲜明的标志。由于自然的和人为的原因，使土壤生态系统的组成、结构、功能受到影响或破坏，而使土壤固有的物理、化学和生物学特性和状态发生变化，导致土壤生态系统功能、生产能力和环境质量的等级或状况下降。

土壤退化自然原因：全球环境变化，特别是全球气候变化。人为原因：土壤的不合理利用，社会经济的发展，人口的持续增长，增加了土壤的压力。如过度放牧和耕种，大量砍伐森林，破坏植被而导致的水土流失以及大量排放污染物等。

二、土壤退化防治

（一）荒漠化和沙化

荒漠化系指因气候干旱，或人为不合理利用，如过牧、滥垦、灌溉不当及其他社会经济建设和开发活动，使地表植被破坏或覆盖度下降。风力侵蚀、土表或土体盐渍化加重等均属荒漠化表征。沙漠化和沙化是荒漠化最具有代表性的表征之一。沙漠化和沙化主要发生在干旱、半干旱以及半湿润和滨海地区。全球沙漠化面积占陆地面积的 20%，大陆总面积的 28%。为防治土地荒漠化，1994 年由 115 个国家签署、55 个国家批准的《联合国防治荒漠化公约》生效。防治荒漠化主要措施有控制农垦、防止过牧，因地制宜地营造防风固沙林，种灌植草，建立生态复合经营模式。

（二）土壤侵蚀（或水土流失）

土壤侵蚀系指主要在风力作用下，土壤及其疏松母质（特别是表土层）被剥蚀、搬运、堆积（或沉积）的过程。土壤侵蚀分为水蚀和风蚀两大类型。40 多年来，世界可耕地由此损失近 1/3。我国每年土壤流失量占世界总量的 1/5，相当于全国耕地削去 10mm 厚的肥土层。土壤侵蚀不仅使肥沃表土层减薄，养分流失，蓄水保水能力减弱，最终将使表土层直至全部土层被侵蚀，成为贫瘠的母质层，甚至成为岩石裸露的不毛之地。土壤侵蚀还使区域生态恶化，影响河流水质和水库的寿命。

防止土壤侵蚀的措施有：植树和植草与自然植被保护和封山育林相结合；生物措施与工程措施相结合；水土保持与合理的经济开发相结合，因地制宜地开展植树造林，并以小流域为治理单元逐步进行综合治理。

（三）土壤盐渍化或盐碱化

土壤盐渍化或盐碱化作为一种土壤退化现象，系指由于自然的或人为的原因使地下潜水水位升高、矿化度增加、气候干旱、蒸发增强，表层盐渍度或碱化度加重的现象。它主要发生于干旱、半干旱、半湿润和滨海平原的洼地区。它实际分为盐化土与盐土、碱化土与碱土两种盐碱类型。盐化土与盐土系指可溶性盐类（氯化物、硫酸盐、重碳酸盐和碳酸盐类）在土壤表层积聚，当易溶盐类在土壤表层（0～20cm）累积量达到影响或危害作物生长发育时（>0.2%），便称为盐化土。当表土层含盐量达到 1% 时严重危害作物，使其严重减产，甚至绝收，称之为盐土。而另一类碱化土和碱土的表土层含盐量并不高，但土壤胶体上的吸附性钠离子超过一定量（>5%吸附性阳离子总量），称为碱化土。吸附性钠离子与吸附性阳离子总量比值 >20%，称为碱土。吸附性钠离子量较高的土层称为碱化层，碱化层的 pH 可达 9 或 9 以上，碱化层湿时黏重，干时坚硬，物理性状极差。

防治措施有：实施合理的灌溉排水制度；调控地下水位，精耕细作；多施有机肥；改善土壤结构；减少地表蒸发；选择耐盐碱作物品种不但可防治次生盐渍化，而且可发挥盐碱土资源潜力，扩大农用土地面积，改善盐碱地区的生态环境。

（四）土壤沼泽化或潜育化

土壤沼泽化或潜育化是指土壤上部土层 1m 内，因地表或地下长期处于浸润状态下，土壤通气状况差，有机质因不能彻底分解而形成灰色或蓝灰色潜育土层，称为沼泽化或潜育化，是常发生于我国南方水稻种植地区的土壤退化现象。由于人为活动造成的次生潜育化约占 50%。特别在排水不良、水稻种植指数不高（三季稻）、土壤质地黏重地区，更易发生次生潜育化。此外，当森林植被被砍伐或火灾之后，森林植被的蒸发作用消失，因而破坏了地表的水分平衡，同时使地表温度增高，加速了冻土层的融化，导致次生沼泽化。土壤沼泽化降低了有机质的转化速度，使土壤中还原性有害物质增加，土壤温度降低、通气性差，土壤微生物活动减弱等。

防止土壤沼泽化的途径有：从生态环境治理入手，如开沟排水、消除渍害；多种经营，综合利用，因地制宜；水旱轮作；合理施用化肥，多施磷、钾、硅肥。

（五）土壤酸化

土壤酸化系指由于人为活动使土壤酸化增强的现象。土壤中酸性物质可来源于：①长期施用酸性化肥。②酸性矿物的开采。如黄铜矿废弃物的污染。③化石燃料（如煤、石油）燃烧排放的酸性物质（SO_2、NO_x）通过干、湿沉降进入土壤环境而产生的土壤酸化，其影响范围正在我国和全球逐步扩大，成为全球环境问题。

土壤酸化使土壤溶液中 H^+ 浓度增加，土壤 pH 值下降，继而增强了钙、镁、磷等营养元素的淋溶作用；其次，随着溶液中 H^+ 开始交换吸附性 Al^{3+} 等，而使 Al^{3+} 等重金属离子的活性和毒性增加，导致土壤生态环境恶化。

对土壤酸化要针对起因进行防治，对施酸性肥料引起的酸化，要合理施肥，不偏施酸性化肥；对因矿山废弃物而引起的土壤酸化，要采取妥善处理尾矿、消灭污染源以及施石灰中和等措施；对因酸沉降而引起的土壤酸化，要从根本上控制酸性物质的排放量，即控制污染源。

第三节　土壤环境的污染

一、重金属污染

（一）重金属污染的概述

一般重金属是指相对密度大于 5.0 的过渡性金属元素。在环境中，土壤重金属污染危害比较严重。土壤金属主要有 Hg、Cd、Pb、Cr 及类金属 As 等生物毒性显著的元素，其次是有一定毒性的一般重金属，如 Zn、Cu、Sn、Ni、Co 等。污染土壤的重金属，主要来源于金属矿山开采，金属冶炼厂，金属加工和金属化合物制造，大量施用金属的企业和部门，汽车尾气排放出来的铅，肥料和农药带入的砷、铅、镉、锡等。随着污水灌溉面积的不断扩大，全国污灌区镉、汞、铅、砷、铬、铜等重金属污染比较明显。土壤中重金属的有效性及毒性与其自身特性、赋存形态和化学行为特性有关。

目前广泛使用的重金属形态分级方法是 1979 年加拿大学者 Tessier 等提出的，根据不同浸提剂连续提取土壤的重金属情况，将其形态分为：①水溶态（去离子水提取）；②交换或吸附交换态（1mol/L $MgCl_2$ 浸提）；③碳酸盐结合态（1mol/L CH_3COONa-CH_3COOH 浸提）；④铁锰氧化物结合态（0.04mol/L NH_2OH-HCl 浸提）；⑤有机结合态（0.02mol/L HNO_3＋30％H_2O_2 浸提）；⑥残留态（$HClO_4$-HF 消化，HCl 浸提），其活性和毒性通常也依这一顺序降低。

（二）重金属对土壤环境的污染

对土壤危害最严重的重金属有汞（Hg）、镉（Cd）、铅（Pb）、铬（Cr）及类金属砷（As），它们在土壤中的化学行为、对土壤的污染和对作物的危害影响各不相同，对土壤的污染及危害分述如下。

1. 汞（Hg）

土壤环境中的汞主要来自使用或生产汞（仪表、电器、机械、氯碱化工、塑料、医药、造纸、电镀、汞冶炼等）的企业所排放的"三废"和有机汞农药。

土壤中的汞以金属汞、无机汞和有机汞的形式存在。

汞主要影响植物株高、根系、叶片、长势、蒸腾强度和叶绿素含量。世界各地农作物汞的背景值大约为 0.01～0.04mg/kg，当使用含汞农药或含汞污水灌溉时，植物体内汞含量成倍增加。

汞对人体的危害及影响主要是通过食物链进入人体的。无机汞化合物除 HgS 外都是有毒的，通过食物链进入人体的无机汞盐主要储蓄于肝、肾和脑内，它产生毒性的根本原因是

Hg^{2+} 与酶蛋白巯基结合抑制多种酶的活性，使细胞的代谢发生障碍，Hg^{2+} 还能引起神经功能紊乱或性机能减退。有机汞如甲基汞（CH_3HgCl）、乙基汞（C_2H_5HgCl）一般比无机汞（$HgCl_2$）毒性更大，其危害也更普遍。因此，污水灌溉水质标准 Hg 浓度＜0.001mg/L。

2. 镉（Cd）

镉的主要污染源是采矿、选矿、有色金属冶炼、电镀、合金制造以及玻璃、陶瓷、涂料和颜料等行业生产过程排放的"三废"。另外低质磷肥及复合肥、农药也含有镉。因镉与锌同族，常与锌矿物伴生共存，在冶炼锌的排放物中必然有 ZnO 和 CdO 烟雾。

土壤镉含量过多会直接影响作物生长，造成镉在农产品中积累。作物吸收镉后的受害症状为：叶绿素结构被破坏，含量降低，叶片发黄、褪绿，叶脉间呈褐色斑纹，光合作用减弱而导致作物减产；大量镉积累在根部。危害作物的土壤镉临界浓度随土壤类型及环境条件变化而不同。

镉是对人体有较强毒性的一种重金属，其对机体的毒害作用主要是它能取代体内含锌酶系统中的锌、骨骼中的钙，引起肝肾脏损伤，会出现骨软化病，易得"痛痛病"。

3. 铬（Cr）

铬主要来自冶金、机械、电镀、制革、医药、染料、化工、橡胶、纺织、船舶等工业所排放的"三废"。铬化物主要有三价的（Cr^{3+}、CrO_2^-）和六价（CrO_4^{2-}、$Cr_2O_7^{2-}$）盐。

铬是人体必需的微量元素，其生理作用是三价铬参与正常的糖代谢过程，人体缺乏铬会抑制胰岛素的活性，影响胰岛素正常的生理过程，会引发糖尿病、心血管病、角膜损伤等病症，但过高也有害。六价铬化合物对人体有害，是常见的致癌物质，我国《农田灌溉水质标准》规定六价铬的浓度不能超过 0.1mg/L。

4. 铅（Pb）

Pb 是土壤污染较普遍、最剧毒的重金属之一。铅污染主要来源于矿山、蓄电池厂、电镀厂、合金厂、涂料厂等排放的"三废"，以及汽车排放出的废气和农业上使用含铅农药（如砷酸铅等）。

铅主要与人体内多种酶结合或以 $Pb_3(PO_4)_2$ 沉淀在骨骼中，从而干扰机体多方面生理活动，常出现便秘、贫血、厌食、腹痛等疾病，过量中毒会引起造血循环、消化系统、神经系统等病症。我国《农田灌溉水质标准》将铅及其化合物含量规定为不得超过 0.2mg/kg；无公害蔬菜地灌溉水质为不高于 0.1mg/kg。

5. 砷（As）

砷（As）污染主要来源于砷矿的开采、含砷矿石的冶炼以及皮革、颜料、农药、硫酸、化肥、造纸、橡胶、纺织等行业所排放的"三废"。砷虽不是重金属但其毒性大，其污染行为如同重金属且污染严重，故当重金属看待。

砷对作物生长产生影响，较高浓度时可抑制作物生长。砷污染危害主要是破坏叶绿素，阻止水分、养分向下运输，抑制土壤中氧化、硝化作用的酶活性。稻田水中砷浓度超过20mg/L 时水稻枯死。因此，糙米的总砷浓度界限值为 1mg/kg，蔬菜为 0.5mg/kg。在农业生产中，由于灌溉及使用含砷农药，大量砷进入土壤，而后进入植物体。在水稻中加入的砷（As^{5+}）大于 8mg/kg 时，开始抑制水稻生长；当大于 12mg/kg 时，水稻糙米中砷（As_2O_3）的残留量超过粮食卫生标准（或 0.7mg/kg）。

对人体的危害三价砷（As^{3+}）远大于五价砷（As^{5+}），亚砷酸盐比砷酸盐的毒性要大60 倍。其毒性机理主要是由于亚砷酸盐可与蛋白质中的巯基反应，它对机体中的新陈代谢产生严重影响；而砷酸盐则不能，它对机体内的新陈代谢产生的毒性影响相对较低，因此，污水灌溉水质要求水田砷含量＜0.05mg/kg；旱田砷含量＜0.1mg/kg。我国规定灌溉水中的砷及其化合物的浓度不得超过 0.05mg/L。

二、农药污染

（一）概述

农药是用量最大、使用最广的农用化学物质。目前世界上生产、使用的农药已达 1000 多种，全世界农药总产量以有效成分计大致稳定在 200 万吨，主要是有机氯、有机磷和氨基甲酸酯等。按防治对象不同，农药可分为杀虫剂、杀菌剂、除草剂、杀螨剂、杀鼠剂、杀软体动物剂和植物生长调节剂等。

农药污染指防治病虫害的过程中，由于过量或盲目使用农药以及农药厂的"三废"处理不当而对人体健康、生物、水体、大气和土壤环境造成危害和污染的现象。例如，施用农田喷粉剂时，仅有 10％的农药附在植物体上，喷施液剂，仅有 20％的农药吸附在作物上，其余部分 40％～60％降落于地面上，约有 5％～30％飘浮于空中，地面上的农药又会随降雨形成的地表径流而流入水域或下渗入土壤，飘浮于空中的农药也会因降雨落入土壤中。农药对土壤的污染程度，除用药量大小之外，主要取决于不同农药的稳定性。一般用量大、稳定性高和挥发性小的农药，在土壤中的残留量就越大，污染也越严重。

（二）农药对土壤环境的污染

1. 农药对植物的影响

农药进入植物有以下两种途径。

① 从植物体表进入。经气孔或水孔直接经表皮细胞向下层组织细胞渗透，脂溶性农药还能溶解于植物表面蜡质层里面从而固定下来。

② 从根部吸收，在灌溉或降雨后，农药溶于土壤水中而被植物根吸收。

农药在防治病虫害、调节植物生长的同时，也会造成污染。一些植物受害的症状如下。

① 叶发生叶斑、穿孔、焦灼枯萎、黄化、失绿、褪绿、卷叶、厚叶、落叶、畸形等。

② 果实发生果斑、果瘢、褐果、落果、畸形等。

③ 花发生花瓣枯焦、落花等。

④ 植物发生矮化、畸形等。

⑤ 根发生短粗肥大、缺少根毛、表面变厚发脆等。

⑥ 种子发芽率低，同时，农药残留在农产品中相当普遍。如我国使用有机氯农药 DDT 和六六六等。有机氯农药化学性质稳定，不易降解，易于在植物体内蓄积。植物性食品中残留量顺序为植物油＞粮食＞蔬菜、水果。

2. 农药对动物的影响

（1）对昆虫的影响

① 昆虫种类下降。世界上的昆虫大约有 100 多万种，真正对农作物造成危害、需要防治的昆虫不过几百种。

② 次要种群变成主要种群。农药杀伤了害虫的天敌如瓢虫，原来因竞争而受到抑制的次要种群变为主要种群，造成害虫的猖獗。

③ 防治对象产生抗药性。据统计，世界上产生抗药性的害虫从 1991 年的 15 种增加到目前的 800 多种。我国也至少有 50 多种害虫产生抗药性。

（2）对水生动物的影响　水生动物中以鱼虾类最为明显，由于农药能在鱼体内富集，对鱼毒性较强。如 1962 年日本九州发生的有明海事件，是由于在稻田中使用对鱼毒性很大的五氯酚钠，随即暴雨将大量五氯酚钠冲入水域，造成鱼类、贝类死亡，损失达 29 亿日元。同时，稻田中生活着大量的蛙类，多数是在喷药后吞食有毒昆虫而中毒，或蝌蚪被进入水体的农药杀死。一般蝌蚪对农药比较敏感，成蛙耐药力较强。

（3）对鸟类的影响 农田、果园、森林、草地等大量使用化学农药给鸟类带来严重的危害。在喷洒农药的区域里，经常会有死鸟，尤其是以昆虫为食料的鸟类受到的影响较大，此外，鸟类经常因取食农药处理过的种子致死。

（4）对其他动物的影响 农药能杀害生活在土壤中的某些无脊椎动物、节肢动物等。例如，澳大利亚在东部 200 万平方千米的范围内用有机磷杀虫剂杀螟松控制蝗虫，结果导致非靶标无脊椎动物的种类和数量明显减少。农药同时对土壤微生物也有影响，如农药溴苯腈对土壤中细菌、真菌和放线菌有明显影响。

3. 对人体健康的影响

农药可经消化道、呼吸道和皮肤三条途径进入人体而引起中毒，其中包括急性中毒、慢性中毒等。特别是有机磷农药能溶解在人体的脂肪和汗液中，可以通过皮肤进入人体，危害人体的健康。

高毒有机磷农药和氨基甲酸酯农药导致急性中毒，症状都引起头晕头痛、恶心、呕吐、多汗且无力等，严重则昏迷、抽搐、吐沫、肺水肿、呼吸极度困难、大小便失禁甚至死亡。慢性中毒一般发病较慢，病程较长，症状难以鉴别，是经常连续吸入或皮肤接触较小量农药进入人体后逐渐发生病变和中毒症状。

（三）农药在土壤中的吸附、降解和迁移

1. 农药的吸附

土壤对化学农药的吸附交换作用有物理和化学吸附，其中主要为物理化学吸附或离子交换吸附。对于带正电荷的离子型农药，土壤胶体对其吸附能力的大小顺序一般是：有机胶体＞蛭石＞蒙脱石＞伊利石＞绿泥石＞高岭石。如有机胶体对马拉硫磷的吸附力较蒙脱石大 70 倍。农药的物质成分和性质对吸附交换也有很大影响。如带有—NH_2 官能团的农药都有较强的吸附能力。农药有时也可解离为阴离子，被带正电荷的土壤胶体所吸附，这在富铁铝土等酸性土壤中较普遍。化学农药被土壤吸附后，其活性和毒性有所降低，这是土壤对某些农药的缓冲和净化解毒作用。但被吸附的农药又会被其他阳离子交换重新回到土壤溶液中，则恢复其原有的活性和毒性。因此吸附交换作用只在一定条件下起到净化解毒作用，当介入土壤中的农药超过土壤的吸附交换量时，土壤就失去了对农药的净化效果，农药就在土壤环境中逐渐积累。

2. 农药降解

土壤微生物的种类繁多、生理特性复杂，各种农药在不同的土壤环境条件下，降解的形式和过程也不同，农药在土壤中的降解作用包括光化学降解、化学降解和生物降解作用等。光化学降解是指土壤表层受太阳辐射而引起的农药分解，大部分除草剂、DDT 都能发生光化学降解。化学降解可分为催化反应和非催化反应，包括农药的水解、氧化、异构化、离子化等，其中以水解和氧化作用最重要。农药的生物降解作用使有机农药最终分解为 CO_2 而消失，因而生物降解是土壤中农药最重要的降解过程。

3. 农药随空气和水体迁移

农药在土壤中迁移的速度和方式，决定于农药性质，以及土壤的湿度、温度和土壤的孔隙状况。DDT、林丹等熏蒸剂主要是以气体扩散作用为主；敌草隆等则以水扩散为主。但农药的水扩散作用较大气扩散的速度要低。农药的迁移扩散，虽可促使土壤净化，但却导致大气、水体和生物等环境要素的次生环境污染。农药随水迁移有两种方式，一是水溶性大的农药直接溶于水中；一是被吸附在水中悬浮颗粒表面而随水流迁移。表土层中的农药可随灌溉水和水土流失向四周迁移扩散，造成水体污染。

三、化肥污染

（一）概述

化肥是化学肥料的简称，是由化学工业制造，能够直接或间接为农作物提供养分，增加农作物产量，改善农产品品质或改良土壤、提高土壤肥力的物质。故化肥和农药一样是世界上用量最大、使用最广的农用化学物质。伴随化学工业的发展、世界人口的增长、粮食需求幅度的增加，化肥生产和使用的数量逐年增加。2000 年世界化肥用量达到 1.4 亿吨（纯养分），其中我国化肥用量达到 0.4 亿吨，占全世界的 25％以上。目前，我国的化肥年使用量已达 4637 万吨，占世界化肥施用总量的 35％。按播种面积计算，平均每公顷化肥使用量达到 400kg，是美国的 4 倍，是发达国家化肥安全施用上限（225kg/hm^2）的近 2 倍。

化肥种类根据其有效成分分为氮肥、磷肥、钾肥、复合肥等。我国氮肥的主要品种是碳铵（占氮肥总量的 54％）、尿素（占氮肥总量的 31％）和氨水（占 15％）。磷肥主要品种为过磷酸钙占总产量的 70％左右，钙镁磷肥占 30％。

（二）化肥对土壤环境的污染

① 导致农田土壤质量的严重下降。长期过量、不合理地使用化肥，容易造成大量的营养物残留在土壤中，导致土壤的物理、化学和生物学性质发生改变。其主要表现为加速土壤酸化和土壤板结。

② 造成水体污染。土壤中会有大量的化肥残留物，它们会通过降雨或融雪水形成的地表径流进入河流、湖泊等污染水体，造成水体富营养化，导致水中藻类迅速滋生，消耗大量的溶解氧，使水体丧失应有的功能，破坏水体生态环境。此外，过量的化肥还会渗入 20m 以内的浅层地下水中，使地下水硝酸盐含量增加，硝酸盐本身无毒，但它摄入人体后可被微生物还原为亚硝酸盐，使血液的载氧能力下降，诱发高铁血红蛋白症，严重时使人窒息死亡。硝酸盐还可在体内转变成强致癌物亚硝胺，是诱发各种消化系统癌变的罪魁祸首，对人类的健康构成了潜在的威胁。

③ 威胁粮食、农产品的安全。过量使用化肥极易使庄稼倒伏，导致粮食减产；另外由于化肥的过量使用，土壤肥力下降也会影响粮食产量和品质；过量使用化肥还会使庄稼抵抗病虫害的能力减弱，容易发生病虫害，继而会增加防虫害的农药用量，直接威胁食品的安全性。

④ 破坏大气质量。我国农业生产中的氮肥施用量特别大，约占世界总量的 30％，但其利用率仅为 30％左右，大量的氮素没有被农作物吸收，而损失的氮素中有相当部分要以 N_2O（一氧化二氮）的形式排放到大气中，造成温室效应，破坏臭氧层，促进臭氧空洞的形成。

⑤ 损害人体健康。在化肥的原料开采、加工生产过程中会带进一些重金属元素或有毒物质，以磷肥为主。长期施用化肥会造成土壤中重金属元素富集，并且通过食物链不断在生物体内富集，甚至转化为毒性更大的甲基化合物，最终在人体内积累危害人体健康。

⑥ 降低土壤微生物活性。微生物具有转化有机质、分解复杂矿物和降解有毒物质的作

用。合理使用化肥对微生物活性有促进作用，过量则会降低其活性。

四、污水灌溉污染

生活污水和工业废水中，含有氮、磷、钾等许多植物所需要的养分，所以合理地使用污水灌溉农田，有增产效果。未经处理或未达到排放标准的工业污水中含有重金属、酚、氰化物等许多有毒有害的物质，会将污水中有毒有害的物质带至农田，在灌溉渠系两侧形成污染带。

五、大气污染

大气中的二氧化硫、氮氧化物和颗粒物等有害物质，在大气中发生反应形成酸雨，通过沉降和降水而降落到地面，引起土壤酸化。冶金工业排放的金属氧化物粉尘，则在重力作用下以降尘形式进入土壤，形成以排污工厂为中心、半径为 2～3km 的点状污染。

六、固体废物污染

污泥作为肥料施用，常使土壤受到重金属、无机盐、有机物和病原体的污染。工业固体废物和城市垃圾向土壤直接倾倒，由于日晒、雨淋、水洗，使固体废物中的污染物极易移动，以辐射状、漏斗状向周围土壤扩散。

七、牲畜排泄物和生物残体污染

禽畜饲养场的厩肥和屠宰场的废物，其性质近似人的粪尿。利用这些废物作肥料，如果不进行物理和生化处理，其中的寄生虫、病原菌和病毒等可引起土壤和水域污染，并通过水和农作物危害人群健康。

八、放射性物质污染

土壤辐射污染的来源有铀矿和钍矿开采、铀矿浓缩、核废料处理、核武器爆炸、核试验、大气层核试验的散落物等可造成土壤的放射性污染，放射性散落物中 ^{90}Sr、^{137}Cs 的半衰期较长，易被土壤吸附，滞留时间也较长。

第四节 土壤污染治理及修复

我国土壤环境污染形势严峻，土壤污染的范围在扩大，土壤污染物的种类在增多，出现了复合型、混合型的高风险污染土壤区以及各种新旧污染与次生污染相互复合混合的态势，危及粮食生产与质量安全、生态环境安全和人体健康，土壤污染迫切需要治理和修复。经过近十多年来全球范围的研究与应用，土壤修复包括物理修复、化学修复、生物修复及其联合修复技术以及土壤治理等方法。

一、污染土壤物理修复技术

物理修复是指通过各种物理过程将污染物（特别是有机污染物）从土壤中去除或分离的技术。热处理技术是物理修复的主要技术，包括热脱附、微波加热和蒸气浸提等技术，已经应用于苯系物、多环芳烃、多氯联苯和二 英等污染土壤的修复。

（一）热脱附技术

热脱附技术是用直接或间接的热交换，加热土壤中有机污染组分到足够高的温度，使其蒸发并与土壤介质分离的技术。热脱附技术具有污染物处理范围宽、设备可移动、修复后土壤可再利用等优点。

（二）蒸气浸提技术

土壤蒸气浸提（SVE）技术是去除土壤中挥发性有机污染物（VOCs）的一种原位修复

技术。将新鲜空气通过注射进入污染区域，利用真空泵产生负压，空气流经污染区域时，解吸并夹带土壤孔隙中的 VOCs 经由抽取井流回地上；抽取出的气体在地上经过活性炭吸附法以及生物处理法等净化处理，可排放到大气或重新注入地下循环使用。SVE 具有成本低、可操作性强、处理有机物的范围宽、不破坏土壤结构和不引起二次污染等优点。苯系物等轻组分石油烃类污染物的去除率可达 90%。

二、污染土壤化学修复技术

污染土壤的化学修复技术主要有土壤固化-稳定化技术、淋洗技术、氧化-还原技术、光催化降解技术和电动力学修复等。

（一）固化-稳定化技术

将污染物在污染介质中固定，使其处于长期稳定状态，是较普遍应用于土壤重金属污染的快速控制修复方法，对同时处理多种重金属复合污染土壤具有明显的优势。该技术的费用比较低廉，对一些非敏感区的污染土壤可大大降低场地污染治理成本。常用的固化稳定剂有飞灰、石灰、沥青和硅酸盐水泥等，其中水泥应用最为广泛。

（二）淋洗技术

将水或含有冲洗助剂的水溶液、酸碱溶液、络合剂或表面活性剂等淋洗剂注入到污染土壤或沉积物中，洗脱和清洗土壤中的污染物的过程。淋洗的废水经处理后达标排放，处理后的土壤可以再安全利用。由于该技术需要用水，所以修复场地要求靠近水源，同时因需要处理废水而增加成本。

（三）氧化-还原技术

通过向土壤中投加化学氧化剂（Fenton 试剂、臭氧、过氧化氢、高锰酸钾等）或还原剂（SO_2、FeO、气态 H_2S 等），使其与污染物质发生化学反应来实现净化土壤的目的。化学氧化法适用于土壤和地下水同时被有机物污染的修复。

（四）光催化降解技术

土壤质地、粒径、氧化铁含量、土壤水分、土壤 pH 值和土壤厚度等对光催化氧化有机污染物有明显的影响：高孔隙度的土壤中污染物迁移速率快，黏粒含量越低光解越快；自然土中氧化铁对有机物光解起着重要调控作用；有机质可以作为一种光稳定剂；土壤水分能调解吸收光带；土壤厚度影响滤光率和入射光率。

三、污染土壤生物修复技术

土壤生物修复技术在进入 21 世纪后得到了快速发展，成为绿色环境修复技术之一。包括植物修复、微生物修复、生物联合修复等技术。

（一）植物修复技术

植物修复技术包括利用植物超积累或积累性功能的植物吸取修复、利用植物根系控制污染扩散和恢复生态功能的植物稳定修复、利用植物代谢功能的植物降解修复、利用植物转化功能的植物挥发修复、利用植物根系吸附的植物过滤修复等技术。可被植物修复的污染物有重金属、农药、石油和持久性有机污染物、炸药、放射性核素等。植物吸取修复技术已经应用于砷、镉、铜、锌、镍、铅等重金属以及与多环芳烃复合污染土壤的修复。这种技术的应用关键在于筛选具有高产和高去污能力的植物，摸清植物对土壤条件和生态环境的适应性。植物修复技术不仅应用于农田土壤中污染物的去除，而且同时应用于人工湿地建设、填埋场表层覆盖与生态恢复、生物栖身地重建等。

1. 植物稳定修复技术

植物稳定修复技术是通过耐重金属植物及其根际微生物的分泌作用螯合、沉淀土壤中的重金属，以降低其生物有效性和移动性，并防止重金属进入地下水和食物链，减少对环境和人类健康危害的风险的技术。植物在植物稳定中主要有两种功能：①保护污染土壤不受侵蚀，减少土壤渗漏来防止金属污染物的淋移。重金属污染土壤由于污染物的毒害作用常缺乏植被，荒芜的土壤更易遭受侵蚀和淋溶作用，使污染物向周围环境扩散，稳定污染物最简单的办法是种植耐金属植物复垦污染土壤。②通过在根部积累和沉淀或根表吸收来加强土壤中污染物的固定。植物稳定技术适合土壤质地黏重，有机质含量高的污染土壤的修复。

2. 植物挥发修复技术

植物挥发修复技术是利用植物的吸收、积累和挥发而减少土壤中一些挥发性污染物的技术，即植物将污染物吸收到体内后将其转化为气态物质释放到大气中，挥发植物主要是将毒性大的化合态硒转化为基本无毒的二甲基硒。甲基汞对环境危害最大，易被植物吸收，耐汞毒的细菌体内含有一种汞还原酶，催化甲基汞和离子态汞转化为毒性小得多的可挥发的单质汞。但这种方法将污染物转移到大气中，对人类和其他生物具有一定的风险。

3. 植物提取修复技术

利用重金属积累植物或超积累植物将土壤中的重金属提取出来，富集并搬运到植物根部可收割部分和植物地上的枝条部位。植物修复的效益取决于植物地上部分金属含量及其生物量，目前已知的超积累植物绝大多数生长慢、生物量小，且大多数为莲座生长，很难进行机械操作。科学家提出了以下几点长期策略：①通过调查与分析，寻找新的生物量大的超积累植物；②筛选生物量大、具有中等积累重金属能力的植物；③采用植物基因、工程技术，培育一些生物量大、生长速率快、生长周期短的超积累植物；④深入研究超积累植物和非超积累植物吸收、运输和积累金属的生理机制，从而通过适当的农业措施如灌溉、施肥、调整植物种植和收获时间、施加土壤改良剂或改善根际微生物，提高植物修复效益。

（二）微生物修复技术

微生物能以有机污染物为唯一碳源和能源或者与其他有机物质进行共代谢而降解有机污染物，利用微生物降解作用发展的微生物修复技术是农田土壤污染修复中常见的一种修复技术，这种生物修复技术已在农药或石油污染土壤中得到应用。微生物修复技术主要体现在筛选和驯化特异性高效降解微生物菌株，提高功能微生物在土壤中的活性、寿命和安全性，修复过程参数的优化和养分、温度、湿度等关键因子的调控等方面。

（三）生物联合修复技术

选择适当的植物种类，尽可能提高超富集植物对污染物的吸收，降低与之间作的农作物重金属含量是植物修复途径的新思路。将重金属超富集植物与低累积作物玉米套种，超富集植物提取重金属的效率比单种超富集植物明显提高，同时玉米能够生产出符合卫生标准的食品或动物饲料或生物能源，是一种不需要间断农业生产、较经济合理的治理方法。利用东南景天和玉米套种模式处理城市污泥，可以同步实现城市污泥的稳定化和重金属的去除。选择植物的种类时要注意植物间的搭配。我国污染土壤为多种重金属污染，可以将不同金属的富集植物种植在一起，从而提高植物修复效率。因此多种植物组合修复污染土壤是一条行之有效的新途径。

四、污染土壤联合修复技术

协同两种或以上修复方法，形成联合修复技术，不仅可以提高单一污染土壤的修复速率与效率，而且可以克服单项修复技术的局限性，实现对含多种污染物的混合污染土壤的修复。

（一）微生物/动物-植物联合修复技术

微生物（细菌、真菌）-动物（蚯蚓）-植物联合修复是土壤生物修复技术研究的新内容。筛选有较强降解能力的菌根真菌和适宜的共生植物是菌根生物修复的关键。种植紫花苜蓿可以大幅度降低土壤中多氯联苯浓度。根瘤菌和菌根真菌双接种能强化紫花苜蓿对多氯联苯的修复作用。

（二）化学/物化-生物联合修复技术

发挥化学或物理化学修复的快速优势，结合非破坏性的生物修复，化学预氧化-生物降解和臭氧氧化-生物降解等联合技术已经应用于污染土壤中多环芳烃的修复。

（三）物理-化学联合修复技术

土壤物理-化学联合修复技术是适用于污染土壤离位处理的修复技术。溶剂萃取-光降解联合修复技术是利用有机溶剂或表面活性剂提取有机污染物后进行光解的一项新的物理-化学联合修复技术。例如，可以利用环己烷和乙醇将污染土壤中的多环芳烃提取出来后进行光催化降解。

（四）电动修复

一种净化土壤污染的原位修复技术，针对受污染的低透水系数土壤及地下水的修复，基本原理是将电极插入受污染土壤或地下水区域，通过施加微弱电流形成电场，孔隙中的地下水或额外补充的流体可作为传导的介质。污染物在电场产生的各种电动力学效应下沿电场方向定向迁移，到达电极区的污染物则经过电沉降、沉积或共沉积等方式在电极棒附近以抽水或者与离子交换树脂复合的方式将污染物集中处理或分离。

五、污染土壤治理措施

（一）农业治理措施

（1）增施有机肥提高土壤环境容量　施用堆肥、厩肥、植物秸秆等有机肥，增加土壤有机质，可提高土壤胶体对重金属和农药的吸附，也可促进土壤中的微生物和酶的活性，加速有机物的降解。

（2）控制土壤水分　土壤的氧化还原状况影响着污染物的存在状态，通过控制土壤水分可达到降低污染物危害的作用。

（3）合理施用化肥　科学合理、有选择地使用化肥有利于抑制植物对某些污染物的吸收，并可降低植物体内污染物的浓度。可见，限量、选肥、合理施用是关键。

（4）选种抗污染农作物品种　选种吸收污染物少或食用部位污染物积累少的作物是防治的有效措施。例如，菠菜、小麦、大豆吸镉数量较多，而玉米、水稻吸镉量少，在镉污染的土壤上优选种玉米和水稻作物。在中轻度重金属污染的土壤上，不种叶菜、块根类蔬菜而改种棉花及非果类作物，也能有效地降低农产品重金属浓度。

（5）改变耕作制度或改为非农业用地　对于污染较重的农田，改做繁育制种田。另外，改变耕作制度，调整种植结构，如改粮食、蔬菜作物为花卉、苗木、棉花、桑麻类，收获的作物部位不直接食用，不作商品粮，可以减轻土壤污染的危害，并有可能获得较高的经济效益。对于污染严重的农田，如果污染物不会直接对人体产生危害，可以优先考虑将其改为建筑用地等非农业用地。

（二）强化污染土壤环境管理与综合防治

控制和消除土壤污染源，组织有关部门和科研单位，筛选污染土壤修复实用技术，加强污染土壤修复技术集成，选择有代表性的污灌区农田和污染场地，开展污染土壤治理与修复。重点支持一批国家级重点治理与修复示范工程，为在更大范围内修复土壤污染提供示范、积累经验。合理利用污染土地，严重污染的土壤可改种非食用经济作物或经济林木以减少食品污染。科学地进行污水灌溉，加强土壤污灌区的监测和管理，了解水中污染物的成分、含量及其动态，避免带有不易降解的高残留污染物随机进入土壤。

增施有机肥，提高土壤有机质含量，增强土壤胶体对重金属和农药的吸附能力。强化对农药、化肥、除草剂等农用化学品管理。增施有机肥同时采取防治措施，不仅可以减少对土壤的污染，还能经济有效地消灭病、虫、草害，发挥农药的积极效能。在生产中合理施用农药、化肥，控制化学农药的用量、使用范围、喷施次数和喷施时间，提高喷洒技术，改进农药剂型，严格限制剧毒、高残留农药的使用，大力发展高效、低毒、低残留农药。大力发展生物防治措施。

复习思考题

1. 土壤的污染源有哪些？
2. 土壤污染危害的特性如何？
3. 土壤污染的类型有哪些？
4. 土壤退化类型有哪些？如何防止？
5. 不同类型的重金属对土壤环境的污染如何？
6. 农药在土壤中如何降解和转移？
7. 简述农药对生态系统的影响。
8. 化肥对土壤环境的污染有哪些？
9. 土壤修复技术有哪些？

阅读材料

5-1　英国土壤污染的修复

英国是早期工业发展国家，最早开采的矿主要是煤炭、铁矿、铜矿等，时间都在 300 年以上。采矿导致非常严重的土壤污染问题。随着经济发展，人们环境保护意识增强，许多矿区早已停止了开采，但是早年开采遗留下的土壤重金属污染问题依然存在。英格兰和威尔士等地区的人们将被重金属污染的土壤挖出并移至别处，但并未解决根本问题。

从 20 世纪中叶开始，英国就陆续制定污染控制和管理相关的法律法规，同时进行土壤改良剂和场地污染修复研究。英国土地修复技术非常规范，分为物理方法、化学方法、生物修复技术三方面。

物理方法常见有三种：电动土壤修复法，主要适合重金属污染物治理，在电场作用下通过电渗流或电泳等方式使土壤中的重金属被带到电极两端从而清洁污染土壤。热处理法，即对土壤进行加热升温，使挥发性有害重金属或挥发性有机物挥发出土壤并将其收集起来集中进行处理。机械清洗法，该方法主要用于石油污染土壤的修复技术，采用纯粹的机械方法异位清洗土壤。

化学方法分为化学栅法、化学氧化法等技术。化学栅法是利用一种既能透水又具有较强沉淀污染物能力的固体材料，将其置于污染堆积物底层或土壤次表层的含水层，使有机污染物滞留在固体材料内，从而达到控制污染物扩散并对污染源进行净化的目的。化学氧化法是向被石油烃类污染的土壤中喷撒或注入化学氧化剂，通过与污染物之间发生氧化还原反立，使污染物以降解、蒸发及沉淀等方式去除掉，最终达到净化的目的。

早在1983年，英国就提出了利用超富集植物清除土壤中重金属污染的思想，即生物修复技术。科研人员首次利用遏蓝菜属植物修复了长期施用污泥导致重金属污染的土地，并证实了这一技术的可行性。目前，英国已开发出多种耐重金属污染的草本植物用于污染土壤中的重金属和其他污染物的治理，并已将这些开发出来的草本植物推向商业化进程，建立了超富集植物资料库。

5-2　美国：拉夫运河与"超级基金"

纽约的拉夫运河 Love Canal 小区是典型的美国城市郊区蓝领集中的社区。1978年春，一桩丑闻从这里传播开来，并很快震惊整个国家。

洛伊斯·吉布斯是一名家庭主妇，她5岁大的儿子麦克患有肝病、癫痫、哮喘和免疫系统紊乱症。5年来，她绝大多数时间是在医院儿科病房度过的。一天，她偶然从报纸上得知，拉夫运河小区曾经是一个堆满化学废料的大垃圾场，于是她开始怀疑儿子的病是由这些化学废料导致的。吉布斯开始进行调查，她发现小区内很多家庭都遭遇流产、死胎和新生儿畸形、缺陷等情况。此外，许多成年人体内也长出了各种肿瘤。随即，一个令人不安的事实被曝光：从1942～1953年，胡克化学公司在运河边倾倒了两万多吨化学物质。美国卡特总统颁布紧急令，允许政府为拉夫运河小区近700户人家实行搬迁。7个月后，卡特颁布了划时代的法令，提出了"超级基金"。这是有史以来联邦资金第一次被用于清理泄漏的化学物质和有毒垃圾场。从1980年开始，美国成立了"超级基金"，成百上千亿美元的资金被用于污染场地的修复。

参考文献

[1] 林玉锁. 农药与生态环境保护 [M]. 北京：化学工业出版社，2001.
[2] 方晓航. 农药在土壤环境中的行为研究 [J]. 土壤与环境，2002，1 (1)：95-96.
[3] 王连生. 环境健康化学 [M]. 北京：科学出版社，1994.
[4] 杨景辉. 土壤污染与防治 [M]. 北京：科学出版社，1995.
[5] 涂洁，刘琪. 重金属污染土壤生物修复技术若干问题探讨 [J]. 江西科学，2005，23 (6)：820-824.
[6] 王新，周启星. 重金属与土壤微生物的相互作用及污染土壤修复 [J]. 环境污染治理技术与设备，2004，5 (11)：1-5.
[7] 俞慎，何振立，黄昌勇. 重金属胁迫下土壤微生物和微生物过程研究进展 [J]. 应用生态学报，2003，14 (4)：618-622.
[8] 赵祥伟，骆永明，滕应等. 重金属复合污染农田土壤的微生物群落遗传多样性研究 [J]. 环境科学学报，2005，25 (2)：186-191.
[9] 李江遐，杨肖娥，陈声明. 铅污染对青紫泥微生物活性的影响 [J]. 水土保持学报，2005，19 (6)：182-186.
[10] 丁克强，骆永明. 苜蓿修复重金属 Cu 和有机物苯并 [α] 芘复合污染土壤的研究 [J]. 农业环境科学学报，2005，24 (4)：766-770.
[11] 徐月珍. 防止土壤污染和地下水污染的措施 [J]. 环境与可持续发展，1989，(1)：29-31.
[12] 孙铁珩，李培军，周启星. 土壤污染形成机理与修复技术 [M]. 北京：科学出版社，2005.

[13] 肖鹏飞，李法云，付宝荣等．土壤重金属污染及其植物修复研究［J］．辽宁大学学报：自然科学版，2004，31（3）：279-283.

[14] 高志玲，刘建玲，廖文华．磷肥施用与镉污染的研究现状及防治对策［J］．河北农业大学学报，2001，24（3）：90-94.

[15] 徐明飞，郑纪慈，阮美颖等．不同类型蔬菜重金属（Pb，As，Cd，Hg）积累量的比较［J］．浙江农业学报，2008，20（1）：29-34.

[16] 夏北成．环境污染微生物降解［M］．北京：化学工业出版社，2000.

[17] 张大弟，张晓红．农药污染与防治［M］．北京：化学工业出版社，2001.

[18] 刘维屏．农药环境化学［M］．北京：化学工业出版社，2006.

[19] 陈怀满．环境土壤学［M］．北京：科学出版社，2005.

第六章 固体废物的处置及综合利用

> 【内容提要】 本章主要讲解固体废物的来源及分类、固体废物处理现状及发展趋势、固体废物的处理技术和固体废物的综合利用。
>
> 【重点要求】 本章要求了解固体废物污染的来源、分类及现状，了解无机物为主的材料废物的综合利用现状，掌握常见固体废物的处理技术。

第一节 概　述

一、固体废物的定义、分类与来源

（一）固体废物的定义与特性

固体废物是指在生产建设、日常生活和其他活动中产生的污染环境的固态、半固态废弃物质。包括固体颗粒、垃圾、炉渣、废制品、玻璃器皿、残次品、动物尸体、变质食品、污泥、人畜粪便等。

固体废物具有二重性，有鲜明的时间和空间特性。从时间方面讲，固体废物相对于目前的科学技术和经济条件不可处理或不可回收，但随着科学技术的发展，矿物资源的日渐枯竭，生物资源滞后于人类需求，昨天的固体废物又将会被回收利用成资源。从空间角度看，废物仅仅相对于某一过程或某一方面没有使用价值，某一过程的废物，往往是另一过程的原料。例如，采矿废渣可以作为水泥生产的原料，电镀污泥可以回收高附加值的重金属产品，城市垃圾可以焚烧发电。因此了解固体废物的时间和空间变化的特性，可实现对固体废物的科学管理，变废为宝。此外，固体废物产出量大、种类繁多、性质复杂、来源分布广泛，一旦发生了固体废物导致的环境污染，其危害具有潜在性、长期性和不可恢复性。

（二）固体废物的分类及来源

固体废物分类的方法有很多，按照化学组成可分为有机废物和无机废物，按照其对环境与人类健康的危害程度可分为一般废物和危害废物，按其形态可分为固体废物、半固体废物和液态（气态）废物，按照其来源分为城市生活垃圾、工业固体废物、危害废物等。

① 城市生活垃圾成分复杂，有机物含量高。包括居民生活垃圾、园林废物、机关单位排放的办公垃圾、商业机构垃圾等。

② 工业固体废物来自各个工业生产部门的生产、加工及流通过程中所产生的粉尘、碎屑、污泥、冶炼渣、化工渣、燃煤灰渣、废矿石、尾矿和其他工业固体废物等。产生的主要行业有冶金、化工、煤炭、电力、交通、轻工、石油、机加工等。

③ 危害废物是固体废物由于不适当贮存、运输、处置或其他管理方面失误引起的对人体健康造成各种疾病或死亡以及对环境造成显著威胁的固体废物。产生的主要行业包括核工业、化学工业、科研单位、医疗单位等。

二、固体废物处理现状

（一）国内固体废物处理现状

我国是一个拥有 13 亿人口的大国，正处于工业化加速发展的阶段，经济的飞速发展和人民生活水平的提高，加速了固体废物的产生。目前，我国城市垃圾产生量正以每年 8%～10% 的速度递增，位居世界第一。

20 世纪 90 年代，我国城市垃圾处理率低，处理方法简单，城市垃圾基本未作无害化处理，直接运到城郊裸露堆放或进行传统的堆肥，只有少数城市如北京、天津、上海、杭州、厦门、广州等城市开展了垃圾堆肥处理工艺和机械装置的试验研制工作，建立了一些具有一定规模的堆肥工厂。近年来城市生活垃圾的处理能力出现较大程度增长，到 2010 年止，我国 657 个城市共有生活垃圾无害化处理场（厂）628 座，其中共有卫生填埋场 498 座，焚烧厂 104 座，堆肥场 26 座；在生活垃圾清扫和收运方面，全国城市共有市容环卫专用车辆设备总数 9 万余台；2010 年全国 1633 个县城（人口约 1.4 亿）生活垃圾无害化处理率为 27.4%。全国 19410 个建制镇（人口约 1.39 亿）、13735 个乡和 721 个镇乡级特殊区域的生活垃圾管理和处理处置基本处于空白，还没有建立基本的管理体系。

工业废渣综合利用率和技术层次低。目前我国固体废物的回收利用率仅相当于世界先进水平国家的 30% 左右。我国产业发展的工业固体废物的主要组成是冶炼废渣、粉煤灰、锅炉渣、煤矸石、采掘尾矿等，其产生量占工业固体废物的 78.1%，工业固体废物综合利用的主要产品是建筑材料，如我国 2010 年水泥产量为 18.79 亿吨，其中有 6.91 亿吨工业固体废物用作水泥原料及混合材料，加上墙体材料、水泥骨料、路基材料等建筑材料生产所利用的固体废物，建筑材料工业所利用的工业固体废物可以占到其产生总量的 40% 以上。

（二）国外固体废物处理现状

美国固体废物处理处置产业已经完全市场化，设施全部归企业所有。美国生活垃圾 2010 年产生量为 2.5 亿吨，其中 26% 作为再生材料进行回收，8.1% 进行堆肥处理再生，11.7% 进行焚烧发电，54.2% 进行填埋等最终处置。

三、固体废物处理的发展趋势

（一）产业市场化

我国经济还处于发展阶段，相应固体废物处理处置产业的规模和能力还不能满足市场的需求。但是随着经济总量达到相应的程度及社会各界对生活环境改善需求的提高，我国固体废物处理处置产业将出现跳跃式的发展。

（二）突破区域限制

目前固体废物处理处置服务范围都基本局限在所在的行政区域内，所以要突破区域限制，使本地的固体废物可以成为其他地区的资源。

（三）推行清洁生产

清洁生产是既可满足人们的需要又可合理使用自然资源和能源并保护环境的生产方法和措施，是一种物料和能耗最少的人类生产活动的规划和管理，将废物减量化或消灭于生产过程之中。如博登公司在加利福尼亚经营的树脂制造厂成功地减少了苯的废物，使原料损失和控制污染费减少几百万美元。

（四）加快固体废物资源化处理

资源化是通过废物的再循环利用回收资源和能源，是固体废物处理的发展方向。近年来，固体废物的综合利用已在我国兴起，但仍是刚刚起步，需要加快固体废物资源化处理步伐。

（五）发展无害化处理工艺

目前世界各国固体废物处理技术各有优缺点，其中共同的缺点是可能对环境造成二次污染，因此需要开发新工艺、新设备，避免处理固体废物时产生新的危害。

（六）加强管理和宣传，提高全民环保意识

认真宣传和实施《固体废物污染环境防治法》，将固体废物的管理纳入法制轨道并依法严格管理，大力宣传环境保护与可持续发展，提高全民环保意识。

第二节　固体废物的处理技术

一、预处理技术

（一）概述

固体废物的成分十分复杂，其形状、大小、物理性质、化学性质的差别也十分大，为了提高和改善固体废物处理和处置过程的工作效率，需对固体废物进行预处理。预处理技术分为压实、破碎、分级和分选等一种或多种过程，可以缩减体积、缩小粒径差别、增大固体废物的颗粒比表面积、分离不同固体成分、回收有利用价值的物质等。

（二）预处理技术

（1）压实　固体废物的压实（compaction）是指通过压力来提高固体废物的堆积密度和减小固体废物体积的过程。

固体废物的压实主要用于压缩性大而压缩后恢复性小的固体废物的预处理。压缩性大、压缩后恢复性小的固体废物包括生活垃圾、各类纸制品和纤维、机械加工行业排出的金属丝和碎片、旧家用电器、报废小汽车的壳体等。

（2）破碎　通过人为或机械外力的作用，破坏物体内部的凝聚力和分子间的作用力，使物体破碎，将小块的固体废物颗粒分裂成细粉状，再进行加工的过程。

（3）分选　有效地分离固体废物中可以回收利用的物质或一些对后续处理、处置工艺不利的物质并加以综合利用的过程。分选可以采用人工的方法或机械的方法。人工的方法主要是手工分拣，回收无需加工的有价值的物质；消除被分拣物料对分拣设备的爆炸危害等。机械分选方法分为筛分、重力分选、磁力分选、电力分选等。

① 筛分：指利用筛子将粒度范围较宽的颗粒群分离成粒度范围较窄的颗粒群的过程。该分离过程可以看作是由物料分层和细粒透过筛子两个阶段组成的，物料分层是完成分离的条件，细粒透过筛子是分离的目的。

② 重力分选：在活动或流动的介质中按照颗粒的密度或粒度的不同进行分选的过程。重力分选的原理是物料的重力、介质阻力、介质浮力达到平衡时，颗粒的加速度为零，进行匀速沉降运动。

③ 磁力分选：磁力分选（磁选）是利用固体废物中各种物质的磁性差异在不均匀磁场中进行分选的方法。固体物料进入磁选设备后，磁性颗粒在不均匀磁场的作用下被磁化，从而

受到磁场吸引力的作用，使磁性颗粒吸附在磁选设备的转动部件上，并将其输送到排料口进行排料，完成磁性物质与非磁性物质的分离。

④ 电力分选：电力分选是利用固体废物中各组分在高压电场中表现出的电性差别实现分选的方法。

二、堆肥技术

（一）概述

堆肥化（composting）是利用微生物将可生物降解的有机物向稳定化的腐殖质生物转化的过程。堆肥化的产品称为堆肥（compost）。堆肥化的原料通常包括：城市生活垃圾、食品厂等排水处理设施排出的污泥、粪便消化污泥、家畜粪尿、树皮、锯末、秸秆等。

（二）堆肥技术

现代化的堆肥过程一般由前期处理、主发酵（一次发酵）、后发酵（二次发酵）、后期处理、脱臭和储存等工序所组成。

前期处理是对堆肥原料进行预处理，使废物颗粒度变小，比表面积增大，有利于微生物的繁殖，并调整水分和碳氮比，添加菌种和酶制剂，提高堆肥发酵过程的速率。然后进入堆肥的主发酵过程，主发酵过程包括升温阶段和高温阶段。在堆肥物料的发酵初期，中温耗氧的细菌和真菌等嗜温菌将易分解的可溶性物质，如淀粉和糖类进行分解后产生 CO_2 和 H_2O，还伴有放热，使堆肥原料的温度升高到 $30 \sim 40℃$，即升温阶段。随着堆肥物料的温度逐渐升高，嗜热菌在堆肥原料的温度达到 $45 \sim 65℃$ 时取代了嗜温菌，将堆肥中残留的或新形成的可溶性有机物继续分解转化，一些复杂的有机物也开始被强烈地分解，人们将堆肥物料从温度升高到温度开始降低的阶段称为堆肥过程的主发酵阶段。堆肥物料进入降温阶段，堆肥物料的温度开始下降进入后发酵期，后发酵也称为二次发酵或降温阶段，此时微生物活动减弱，产热量减少，堆料温度逐渐下降，嗜温菌和中温性微生物取代嗜热菌使堆肥物料的残余物进一步分解，腐殖质逐渐增加，使堆肥过程进入堆肥腐熟阶段，堆肥的发酵过程全部结束。

堆肥原料完成发酵过程以后，要对发酵过程的产物进行后期处理，主要是去除在前期预处理工序中未完全除掉的塑料、玻璃、陶瓷、金属、石子、瓦砾等杂物，使堆肥产品符合有关技术标准的要求。在堆肥的每道工序中均有臭气产生，臭气包括 NH_3、H_2S、甲基硫醇、胺类等带有刺激性气味的物质。除臭的方法主要有：化学除臭剂除臭，水、酸、碱溶液吸收法，活性炭、沸石吸附法等。在对堆肥产品进行除臭处理后，要将堆肥产品进行储存，储存时要求堆肥产品存放在通风、干燥的地方，避免堆肥产品因受潮而影响其质量。表 6-1 列举四种发酵处理工艺。

表 6-1　固体废物四种发酵处理工艺比较

比较项目	快速好氧发酵	厌氧发酵	好氧厌氧发酵	湿式厌氧发酵
发酵时间	$20 \sim 30d$	$25 \sim 35d$	$15 \sim 20d$	$15 \sim 20d$
能耗	最大	无	较少	较大
发酵质量	不均匀	不均匀	不均匀	均匀
沼气利用	无	可利用	可利用	最充分
排放物	大量废气	沼气及废水	沼气及部分废水	沼气及废水
占地面积	大	最大	中等	小
厂区环境	差	较好	较好	好
投资	中等	中等	中等	大

比较项目	快速好氧发酵	厌氧发酵	好氧厌氧发酵	湿式厌氧发酵
主要特点	发酵速度快,运行费用高,肥料质量差,有机物氮分损失大,资源化不够,工厂环境差	运行费用最低,肥料质量较好,工厂环境易于控制,可产沼气;发酵速度太慢,占地面积大	发酵速度快,运行费低,肥料质量较好,工厂环境易于控制,可产沼气;需加菌,工艺控制要求较高	发酵速度快,肥料质量最好,工厂环境最好,产沼气最充分;投资大,运行费用高,工艺控制要求较高
适用地区	环境要求及肥料品质要求不高的地区	地价低的地区	大多数城市	垃圾量大,对环境要求较高的发达城市

三、焚烧技术

（一）概述

焚烧是利用一系列设备将固体废物高温分解和深度氧化的综合过程。利用焚烧技术处理固体废物,不仅减容性好（如城市垃圾可减少 80%～95%）、处理量大、焚烧后的废渣无毒无害,而且是建材的优良原料,热能可以回收利用,因此焚烧技术在近年来得到了迅速的发展。但是焚烧处理也有局限性:对固体废物的热值要求高,即低位热值大于 4127kJ/kg;设备一次性投资大,运行费用高,不完全燃烧或者含酚化合物燃烧时会产生二 英,该物质的毒性是酚化钾的多倍,被称为"地球上毒性最强的毒物"。

（二）焚烧技术

1. 焚烧技术工作原理

焚烧系统对固体废物的焚烧实现无害化和减量化,同时对焚烧过程中释放的热能加以能源化利用并降低焚烧炉的污染排放,减少污染物对环境的污染。因此现代固体废物焚烧系统一般包括:预处理系统、焚烧系统、废气处理系统、余热利用系统、灰渣处理系统等。目前常用的焚烧炉主要有层燃式焚烧炉、流化床焚烧炉和回转窑焚烧炉。合理选择焚烧炉是保证焚烧炉安全、经济和可靠运行的重要手段。如图 6-1 为焚烧技术流程图。

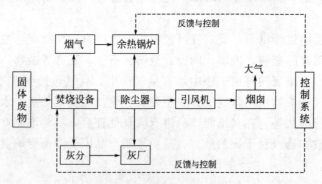

图 6-1　焚烧技术流程图

2. 焚烧技术

（1）层燃式焚烧炉　不需对进炉垃圾作严格的预处理,活动炉排的推动能实现对垃圾的搅动,防止垃圾进炉遇到强热产生表面固化,影响垃圾内部的传热和气体的流动,以致延长垃圾的燃烧时间,导致不完全燃烧。垃圾的干燥、着火、燃烧及燃尽等一系列过程都在炉排上进行,故处理效率极高;垃圾层均匀,燃烧稳定,炉温及余热锅炉蒸发量变动很小。这种焚烧方式比较适合小城市生活垃圾的处理。

（2）流化床焚烧炉　在流化床焚烧炉中固体废物从流化床上部或侧部与流化载体呈一

定比例送入炉内，发生激烈的翻腾和不断循环流动。垃圾在炉内悬浮燃烧，空气与垃圾充分接触，燃烧效果好。但为了使进入炉内的垃圾产生流态化，要求废料的粒度和密度差异较小，因而对垃圾的预处理要求严格，而至今世界各国的垃圾预处理技术尚不成熟，预处理装置的运行不够稳定，从而在一定程度上影响了流化床焚烧炉的正常运行及应用。近年来日本开发了对垃圾预处理要求较低的新型流化床焚烧炉。它采用曲折炉壁和炉底配合，在炉内流化区形成双回旋气流，提高近壁面流化强度而趋于均匀，卷吸轻质飞扬物。这种流化床焚烧炉的炉底在对称中心两侧各设3组风室，配高、中、低3种风压呈塔形分布，形成回旋气流。

流化床焚烧炉的主要优点：操作方便，运行稳定，耐久性好，炉内无机械运动部件，使用寿命长。流化床的床料蓄热量大，可以避免床温的忽高忽低，保证床层温度的均一性和燃烧稳定性。垃圾的干燥、着火、燃烧与后燃烧几乎同时进行，无需复杂的控制，易于实现自动化连续燃烧。燃料适应性广，可以燃烧高水分、低发热量、高灰分垃圾。我国的生活垃圾有机物含量低、水分含量高，特别适合我国的国情。

（3）回转窑焚烧炉　窑身为倾斜布置、低速回转的圆筒，垃圾从高端送入，在筒内翻转燃烧，直至燃烬从下端排出。回转窑式焚烧炉有水冷壁式和耐火砖衬式两种。回转窑的特点是燃料适应性广，可焚烧不同性能的废弃物，并能长时间连续运行。但是回转窑在对发热量较低、含水率高的垃圾进行焚烧时存在一定的问题，并且回转窑的处理量并不是很大，设备的封闭性要求高，成本高，价格昂贵，其主要应用在焚烧医疗垃圾和危险废物。

四、热解及热选技术

（一）概述

热解是把含有有机可燃物的物料在无氧条件下进行加热，随着物料温度的升高，热解物料所含的大分子量有机可燃物的化学键发生断裂，产生小分子量的气体、液体和固态残渣的过程。

热解技术是由早期的煤气化技术发展起来的，在煤的气化过程中，在气化炉中的还原区所发生的化学反应就是无氧条件下的热解反应。

热解过程与燃烧过程不同，在燃烧过程中，为了保证燃料进行充分燃烧，燃烧过程中的过量空气系数是大于1的；而在热解过程中，物料是在无氧条件下进行热解的，热解过程中的过量空气系数为零。

热选（thermoselect）技术是1989年由德国德累斯顿（Dresden）大学的Stahlberg教授发明的固体废物高温处理技术。热选技术是将固体废物先进行热解，然后利用热解产生的可燃气态产物作为燃料，将热解过程中残留的固态产物进行高温熔融玻璃化处理，将固态残渣制成保温材料和建筑材料，实现固体废物的全部资源化利用。

（二）热解原理

热解过程随着热解物料温度的升高，依次经历干燥阶段、干馏阶段和气体生成等不同阶段。热解物料从常温升高到200℃时，物料中的水分从物料中挥发析出，每1kg水分蒸发所需的热量就是热解压力对应的水的汽化潜热。在物料温度达到250～500℃时热解物料发生干馏过程，依次为内在水分的析出、脱氧、脱硫、二氧化碳的析出等，热解物料中纤维素、蛋白、脂肪等大分子量有机物裂解为小分子量的气体、液体和固态含碳化合物。当温度为500～1200℃时，是热解气态产物的形成过程，干馏过程的产物进一步裂解，液态和固态的有机化合物裂解成 H_2、CO、CO_2 和 CH_4 等气体。

（三）热解及热选工艺

1. 热解工艺

热解工艺按照热解的供热方式可以分为直接加热和间接加热两种。

高温热解时常采用直接加热法加热热解物料。若采用纯氧作为氧化剂，则反应器中的氧化-熔渣区段的温度可达到1500℃，从而可以将热解残留的金属盐类、其他氧化物和氧化硅等惰性固体熔化，以液态渣形式排出反应器，再经水骤冷后进行粒化处理。这样可大幅度减少固态残留物的处理难度，经过粒化处理的固态残留物可作为建筑材料的骨料，提高了固体废物的资源化利用率。直接加热的热解工艺具有设备简单、热解温度高、产气率较高和处理量较大等优点，其主要缺点是热解过程中的热量是由部分热解物料燃烧产生的，而燃烧产生的惰性气体产物降低了热解气态产物的热值，影响热解气态产物的能源化利用。此外，由于燃烧产生的烟气混入热解气态产物中，增加了热解气态产物的净化处理量和处理难度。

在间接加热法的热解过程中，加热介质与热解反应器中待热解的物料不直接接触，利用热解反应器的器壁可进行导热或利用某种中间介质实现对物料的加热。间接加热的热解工艺的主要优点是热解气态产物的热值高，其气态产物可以直接作为燃料利用。间接加热的不足之处是间接加热法不可能采用高温热解方式。间接加热的主要缺点是间接加热法热解过程的产气率低于直接加热法，在反应器中的停留时间比直接加热法长。

2. 热选工艺

热选工艺实际上是由热解工艺和高温熔融工艺组合起来的固体废物高温处理工艺。

在固体废物的热选工艺中，先将固体废物进行压缩，压缩后的固体废物送入间接加热的热解反应器进行干燥和热解，热解产生的气态产物净化后作为燃料进行能源化利用，产生的烟气经过净化处理后再排放。热解产生的灰渣进行玻璃化处理。

热选的工艺流程如图6-2所示。

图6-2 热选工艺流程简图

五、填埋技术

（一）概述

填埋技术是我国固体废物特别是生活垃圾的最主要处置方法，在填埋场中被填埋的固体废物会发生物理反应、化学反应和生物反应，反应产生的污染物会对环境造成一定的污染，污染具有时滞性。

（二）填埋技术

填埋技术主要是填埋场的选址，良好的填埋场址不仅可以保证周围环境不受影响，而且使填埋场的建设、填埋成本和运行管理成本都大幅度下降，实现填埋处理减量化、资源化和无害化的要求。卫生填埋场选址主要遵循如下两个原则：一是安全原则，即填埋场在建设和运行过程中对外部环境的影响最小，不会引起填埋场周围的水、大气、土壤环境发生恶化；二是经济合理原则，填埋场在建设和运行过程中，垃圾的填埋成本最低、填埋的垃圾的资源化价值最高，使填埋场的投资达到最理想的经济效果。所以填埋场选址过程中应作如下考虑。

① 填埋场选址应服从城市总体规划。卫生填埋场的作用是消纳和处置城市生活垃圾，填埋场应与当地的城市规划的功能布局相适应，与当地的大气保护、水土资源保护、生态平衡等相适应。

② 填埋场的选址应考虑库容量要求。一般的卫生填埋场的使用年限在 10 年以上，选择填埋场应具有较大的库容量，以满足城市发展和填埋场使用年限两方面的要求。

③ 填埋场的选址应考虑地质条件。填埋场的覆土一般为填埋场库容量的 10%～20%，目的是阻止有害物质的迁移、扩散。填埋场的防渗层和排水层需要大量的土石料，为了保证填埋场的正常建设和运行的要求，在填埋场的周围应具有足够数量的黏土和砂石。

④ 填埋场的选址要考虑自然地理条件。填埋场的地形地貌决定了地表水的流向，同时也决定了地下水的流向和流速。

⑤ 填埋场的选址要考虑水文条件。填埋场的场址应选在湖泊、河流的地表径流区以外，最佳的位置是在封闭的流域内，这样对地下水资源造成危害的风险最小。填埋场不应设在专用水源蓄水层与地下水补给区、洪泛区、淤泥区、距居民区或人畜供水点 500m 以内的地区。

⑥ 填埋场的选址要考虑气象条件。填埋场的场址应避开高寒区，其蒸发量应大于降水量；不应位于龙卷风和台风经过的地区，宜设在暴风雨发生率较低的地区。

⑦ 填埋场的选址要考虑交通条件。垃圾填埋处理费用中约 60%～90% 为垃圾清运费，缩短垃圾的清运距离可显著降低垃圾的填埋处理费用，因此填埋场的场址应要求运输距离尽量小且交通方便，具有能在各种气候条件下运输的全天候公路，公路的路面宽度和承载力要适宜，避免交通堵塞。

第三节　固体废物综合利用

一、废塑料的综合利用

塑料具有质量轻、强度高、耐磨性好、化学稳定性好、抗化学药剂能力强、绝缘性能好等优点，在生产和生活中得到广泛利用，但是大部分塑料使用废弃后，在环境中自降解性能差，对环境危害严重。

废塑料生产建筑材料是塑料资源化的重要途径。目前已开发了许多新型建筑材料产品，如塑料油膏、防水涂料、防腐涂料、胶黏剂、色漆、塑料砖等。

（一）色漆

收集的废塑料预先除杂、清洗、除污、去油，然后干燥。将干燥的废旧塑料适当地破碎，投入待搅拌的反应釜中，并加入适当比例的酚醛树脂、甲基纤维素、松香和混合溶剂浸泡 24h，高速搅拌浸泡物 3h 以上使其完全溶解，制得均匀的胶浆状溶液。用 80 目筛过滤该溶液，得到合格的改性塑料浆，用于制备各种涂料。

（二）塑料油膏

塑料油膏是废旧聚氯乙烯塑料、煤焦油、增塑剂、稀释剂、防老剂及填充料等配制而成的一种新型建筑防水嵌缝材料。主要适用于各种嵌缝防水和补漏工程。

（三）板材

利用废塑料生产木质塑料板材、人造板材、泥塑包装板材等。以废旧聚氯乙烯塑料为主要原料，经过粉碎、清洗、混炼等工艺生成塑料粒，然后加入适量的增塑剂、稳定剂、润滑剂、颜料及其他外加剂，经切料、混合，注塑成型、冲裁工艺制成。

（四）建筑绝热板与绝热砂浆

将废旧发泡聚苯乙烯或其他废旧发泡塑料制品破碎成颗粒后，作为超轻骨料，然后使用水泥、石膏等胶凝材料胶结，压力成型，常温养护，即可得到绝热性能优良的建筑保温板。

（五）塑料砖

将破碎的废塑料掺合在普通的烧砖用的黏土中烧制而成的一种建筑用砖。在烧制过程中热塑性塑料化为灰烬，砖里呈现出孔状空隙，使其质量变轻，保热性能提高。

二、煤矸石的综合利用

煤矸石的组成和性质是选择煤矸石资源化途径的重要依据。目前利用量较大的途径主要是制水泥、烧结（内燃）砖、煤矿开采和筑路回填料等的材料，此外，煤矸石还可以用来生产化工产品（如聚合铝、分子筛、氨水等）和农用肥料（如硫酸铵）等。

（一）制砖

煤矸石砖主要以煤矸石为原料，其占坯料质量的 80％以上，外掺少量黏土；有的全部以煤矸石为原料，经过破碎、成型、砖坯干燥和焙烧工序，生产烧结砖和作烧砖内燃料。煤矸石砖质量好，抗压强度为 9.8～14.7MPa，抗弯强度为 2.5～5MPa，颜色均匀，有较好的抗冻、耐火、耐酸、耐破等性能，其强度和耐腐蚀性均优于黏土砖，成本低，因此，是一种极具发展前途的墙体材料。

（二）水泥

煤矸石和黏土的化学成分相近，可代替黏土提供硅质和铝质成分；同时煤矸石还能释放一定热量，可代替部分燃料将煤矸石按一定比例配合，经破碎、磨细成生料，在燃烧设备中烧至部分熔融，得到以硅酸钙为主要成分的熟料，再将适量的石膏和混合材料（矿渣）加入熟料中，磨成细粉就制成煤矸石水泥，即采用所谓的"二磨一烧"工艺。煅烧设备可用回转窑或立窑。煤矸石还可以生产特种水泥，利用煤矸石中 Al_2O_3 含量高，可以为水泥熟料提供足够的 Al_2O_3 的特点，应用中、高铝煤矸石代替黏土和部分矾土，可制备具有不同凝结时间、快硬、早强的特种水泥以及普通水泥的早强掺合料和膨胀剂。

（三）轻骨料

利用煤矸石中碳含量不太高的炭质页岩，可以烧制煤矸石轻骨料，质量成分以低于13％为宜，煤矸石烧制轻骨料有成球与非成球两种方法。采用煤矸石生产煤矸石陶粒或轻骨料，为发展优质、轻质建筑材料提供新资源，是煤矸石综合利用的一条重要途径。

（四）充填材料

煤矸石可用于煤矿塌陷区的充填、覆土造田和矿井采空区的充填。作为充填材料时，粗细颗粒级配要适当，以提高其密实性，同时含碳量应较低。自燃煤矸石也可代替河砂、碎石作为井巷喷射混凝土的骨料。

三、粉煤灰的综合利用

粉煤灰主要用来生产粉煤灰水泥、粉煤灰砖、粉煤灰硅酸盐砌砖、粉煤灰加气混凝土、粉煤灰混凝土掺合料及其他建筑材料，还可用作农业肥料和土壤改良剂。

（一）水泥

粉煤灰的化学成分同黏土类似，可用于代替黏土配制水泥生料。试验证明，采用粉煤灰代替黏土原料生产水泥，可增加水泥窑产量，并且燃料消耗量降低 16％～17％，粉煤灰代替黏土原料生产的水泥具有水化热小、干缩性小、胶砂流动度大，易于浇灌和密实，成品表面光滑等优点。同时具有较普通水泥好的抗硫酸盐腐蚀性能。适用于各种水泥建筑，尤其适用于大体积混凝土工程、水下工程等。

（二）水泥混合材

粉煤灰是一种人工火山灰质材料，它本身加水后虽不硬化，但能与石灰、水泥熟料等碱性激发剂发生化学反应，生成具有水硬胶凝性能的化合物，因此可用作水泥的活性混合材。

（三）制砖

粉煤灰蒸养砖是以粉煤灰和生石灰或其他碱性激发剂为主要原料，也可掺入适量的石膏，并加入一定量的煤渣或矿渣等骨料，经加工、搅拌、消化、轮碾、压制成型的一种墙体材料。粉煤灰烧结砖是将粉煤灰、黏土及其他工业废料掺合而成的一种墙体材料，其生产工艺与普通黏土砖相同。

（四）混凝土

粉煤灰加气混凝土是以粉煤灰水泥、石灰为基本材料，用铅粉作发气剂，经原料磨细、配料、浇筑、发气成型、坯体切割、蒸汽养护等工序制成的一种多孔轻质建筑材料。按蒸汽养护压力的不同，粉煤灰加气混凝土可分为常压养护和高压养护两种生产方法。一个年产 $20 \times 10^4\,m^3$ 粉煤灰加气混凝土的工厂，每年可利用粉煤灰 $10 \times 10^4\,t$。

（五）陶粒

粉煤灰陶粒是以粉煤灰作为主要原料，掺入少量黏结剂和固体燃料，经混合、成球、高温、焙烧而制得的一种人造轻骨料。一般呈圆球形，表皮粗糙而坚硬，内部有细微气孔。粉煤灰陶粒具有质量轻、强度高、耐火度高、化学稳定性好等优点，具有较天然石料更为优良的物理力学性能。

复习思考题

1. 固体废物的特征？谈谈你对时间性和空间性的理解。
2. 固体废物的来源是哪里？分类有哪些？
3. 固体废物四种发酵处理工艺的优点是什么？
4. 填埋技术最关键是什么？如何考虑？
5. 你认为城市生活垃圾用什么处理技术好？
6. 举例说明固体废物综合利用的案例。

阅读材料

6-1　美国固体废物处理事件

1985 年，一批共计 13650t 的垃圾灰烬从宾夕法尼亚州刚刚焚化出炉就成了"弃儿"。灰烬搁置一年后，费城一个市政承包商听说在巴哈马群岛有可供掩埋的闲置地，就将灰烬装上货轮，向巴哈马起航了。没想到，巴哈马政府拒绝让货轮靠岸。随后，该"货轮"又先后到达了百慕大群岛、多米尼加共和国、洪都拉斯、几内亚比绍等地，尽管美国联邦机构和地方政府一再辩护，说垃圾中只有含量极其微小的铅和镉，但是上述各国政府全部禁止在本地"倒垃圾"。最终，在 1987 年圣诞夜，海地政府答应接收这批垃圾灰烬作为肥料使用，可海地公众持续几个星期的抗议使海地政府撤销了达成的协议。随后，该"货轮"船长在接到所在货船公司的命令后将上万吨的垃圾灰烬倒进了大西洋和印度洋。垃圾还没有全倒完，两名做出此决定的货船公司高层人士就因此被判监禁了。不得已，最终剩余的 2000 多吨垃圾灰烬还是返回了费城。2002 年 10 日，最后一批垃圾灰烬终于在宾夕法尼亚州中南部的垃圾掩埋场入土为安了。垃圾灰烬倒进了大西洋和印度洋会使水生动物误食，误食后不易消化，可能会致其死亡。一些重金属元素还会通过贝类、虾类进入人体，危害人类健康。然而，大西洋并非世界上唯一的面积巨大的海洋垃圾场，海洋垃圾问题已越来越严重，受到全世界的关注。

6-2　二噁英污染事件

1999 年 3 月，在比利时突然出现肉鸡生长异常、蛋鸡下蛋少的现象。一些养鸡户要求保险公司赔偿，保险公司也觉得蹊跷，于是请了一家研究机构化验鸡肉样品，结果发现鸡脂肪中的二噁英超出最高允许量的 140 倍，而且鸡蛋中的二噁英含量也已严重超标。这起"毒鸡事件"还牵连了猪肉、牛肉、牛奶等数以百计的食品，一时间，食品安全危机在全比利时甚至在全球上演。而这起事件的源头，就是鸡的饲料被含有二噁英的工业残渣严重污染。

2004 年 12 月 12 日，一名病人去奥地利首都维也纳鲁道夫英内豪斯医院接受治疗，该院当天公布检查结果时说，该名病患的病是二噁英中毒所致，他血液中二噁英的含量是正常值的 1000 倍。据葡萄牙卢萨通讯社报道，位于葡萄牙北部孔迪镇的科罗德-科斯塔·罗德里格斯公司 2008 年 10 月和 11 月从爱尔兰进口了 30t 猪肉，经抽样检测，这批猪肉被二噁英污染。葡萄牙食品安全部门已回收这批猪肉中的 21t。有关负责人佩德罗·皮乔基说，这批进口猪肉可能无法全部回收，因其中一些已经售出。他告诫消费者购买猪肉时注意包装上标注的原产地。这名患病病人就是吃了含有二噁英污染的猪肉而生病。葡萄牙食品安全部门回收这批猪肉，并进一步调查这批猪肉受污染情况，也是因为猪的饲料被含有二噁英的工业残渣严重污染。

2011 年 1 月，德国多家农场传出动物饲料遭二噁英污染的事件，导致德国当局关闭了将近 5000 家农场，销毁约 10 万颗鸡蛋。通过调查发现当作饲料添加物的脂肪部分遭到二噁英污染，对饲料厂样品进行检测，结果显示，其二噁英含量超过标准 77 倍多。德国农业和消费者保护部门发言人霍尔格·艾尔切拉介绍说，2010 年 11 月到 12 月之间，德国北部的一家公司出售了约 3000t 受到包含二噁英等工业残渣污染的脂肪酸，这些脂肪酸是制造鸡饲料的主要原料。大量德国鸡蛋疑似受到有毒化学固体废物的污染，并且这些鸡蛋已经出口至荷兰。

参考文献

[1] 赵由才，柴晓利. 生活垃圾资源化管理与技术 [M]. 北京：化学工业出版社，2002.
[2] 门雅莉. 利用城市垃圾焚烧熔融灰渣制作透水性砖块 [J]. 环境保护科学（增刊），2000，11（5）：52.
[3] 丁爱中，阎葆瑞，张锡根. 垃圾堆放与环境 [J]. 环境科学动态，1997，4：18-20.
[4] 董军，赵勇胜等. 垃圾渗滤液对地下水污染的 PRB 原位处理技术 [J]. 环境科学，2003，24（5）：151-156.
[5] 董军，赵勇胜等. 改性黏土防渗层性能研究及影响因素分析 [J]. 环境工程，2005，23（1）：87-90.
[6] 董军，赵勇胜等. 渗滤液中有机物在不同氧化还原带中的降解机理与效率研究 [J]. 环境科学，2007，28（9）：2041-2045.
[7] 马福善，秦永宁等. 铝硅酸盐溶液改变蒙脱石端面电荷性质研究 [J]. 硅酸盐通报，1997，5：13-19.
[8] 王蕾，赵勇胜等. 城市固体废弃物好氧填埋的可行性研究 [J]. 吉林大学学报：地球科学版，2003，33（3）：335-339.

[9] 李国学，张福锁. 固体废物堆肥化 [M]. 北京：化学工业出版社，2000.

[10] 柴晓利，张华，赵由才等. 固体废物堆肥原理与技术 [M]. 北京：化学工业出版社，2005.

[11] 解强. 城市固体废弃物能源化利用技术 [M]. 北京：化学工业出版社，2004.

[12] Verordnung uber Verbrennungsanlagen fur Abfalle und ahnliche brennbare Stoffe-17. BimSchV, Bonn：Bundesgesetzblatt Nr. 64，1991.

[13] Leib. H，Womann. H. Verfahren und Anlage zum Verbrennen fester, flussiger order teigiger Stoffe，Patentschrift 1254801，1967.

第七章　噪声及其他污染防治

【内容提要】　本章主要介绍了噪声、电磁辐射污染、热污染、放射性污染以及光污染的概念、危害及控制措施，重点介绍了噪声；阐述了噪声的特征、声源分类、危害及防治途径。

【重点要求】　了解热污染、电磁辐射污染、放射性污染及光污染的概念、危害及控制方法；掌握噪声的概念、特征、声源分类、危害及具体的防治措施。

第一节　噪声的特征及声源分类

一、噪声的概念

在人类生存的社会环境中，声音是一种必不可少的交流信息、传递感情的工具，同时声音也是自然界的一种现象。随着经济发展、城市规模扩大和人口的增加，随之而来的是工程机器的轰鸣、汽车的嘀嘀声、建设工地上的振动、摩擦等声音，我们把这些统称为噪声。

从物理学上讲，噪声是一种声音强弱和频率变化不和谐的、没有规律的声振动。从社会学的角度来说，噪声是一种可以对人的心理和生理造成不同程度的伤害并会干扰人的正常活动的声音。判断一种声音是不是噪声，仅仅从物理角度判断是不够的，有些时候接受器的主观因素往往起着决定性的作用。比如说美妙的交响乐对于正在欣赏它的人来说是一种享受，但是对于正在阅读、思考的人来说就是一种噪声。即使是同一种声音，当人处于不同状态、不同心情时，对声音也会产生不同的主观判断，此时声音可能成为噪声或乐音。因此，凡是干扰人们休息、学习和工作并使人产生不舒适的感觉的声音，即不需要的声音，统称为噪声。当噪声对人及周围环境造成不良影响时，就形成噪声污染。如电锯摩擦声、击打声、机器轰鸣声等都是噪声，噪声的测量单位是分贝（dB）。

二、噪声的特征

噪声污染与水污染、大气污染、固体废物污染一样作为环境污染的一种，已经成为对人类的一大公害，但是由于噪声在能量形式上是一种声波，所以噪声污染又有其显著的特点。

① 噪声是一种声波，具有能量性，不具备积累性。当声源关闭，噪声便消失。

② 噪声污染是局部性和分散性的。一般来说噪声污染从声源到受害者的距离很近，而且随着距离的增加，噪声污染的影响越来越小，直至消失。在城市生活中，噪声源往往不是单一的，噪声来源很广，如汽车喇叭声、工地的机器声等。

③ 噪声污染在其影响的范围内很难避免。声能是以波动的形式传播的，因此噪声，特别是低频声具有很强的绕射能力。噪声可以说是"无孔不入"。即使在睡眠中，人耳也会受到噪声的污染。由于噪声以 340m/s 的速度传播，因而即使闻声而跑，也避之不及。

三、噪声的来源

据统计，在影响城市环境的各种噪声来源中，工业噪声占 8%～10%，建筑施工噪声占

5%，交通噪声占 30%，社会噪声占 47%，其他噪声占 8%～10%社会噪声影响面最广，是干扰生活环境的主要噪声污染源。

1. 交通噪声

随着工业技术的飞速发展和人们生活水平的不断提高，城市中交通工具的使用量也在逐年增加，其产生的噪声已经成为城市噪声的主要来源。交通噪声主要指机动车辆在市内交通干线上运行时所产生的噪声。据测定，汽车在行驶中的噪声为 80～90dB(A)，在城市快速通道上行驶的汽车噪声可以达到 100dB(A)以上。

交通噪声主要来源于汽车发动机表面辐射噪声、进气噪声、排气噪声、风扇及冷却系统噪声、传动系统噪声、轮胎与路面之间的摩擦碰撞，以及偶发的驾驶员行为（如鸣笛、刹车等）。交通噪声具有不确定性，影响交通噪声的因素非常多，如交通量、汽车种类、行车速度、轮胎花纹、路面状况、路面结构以及一些偶发的驾驶员行为都直接影响交通噪声的大小。交通噪声的大小与行车速度和交通量有关。一般噪声级大小与行车速度和交通量成正相关关系，交通量每增加 1 倍，噪声增加 3dB(A) 左右，平均行车速度每增加 10km/h，噪声源强增加 2～3dB(A)。

交通噪声的防范措施主要有：①合理规划城市布局，加强噪声管理。②加大交通干线绿化力度，大力开展城市绿化种植。③路面降噪，采用减振和吸声材料用于道路建设与车辆结构上，如修建低噪声水泥混凝土路面。

2. 工业噪声

工业噪声是指工业企业在生产活动中使用的生产设备或者辅助设备通过机械振动、摩擦振动以及气流扰动产生的噪声。工业噪声分为机械性噪声（由机械的撞击、摩擦、固体的振动和转动而产生的噪声）、空气动力性噪声（由空气振动而产生的噪声）、电磁性噪声（由电机中交变力相互作用而产生的噪声）三种。工业噪声不仅给工人带来危害，对附近居民的影响也很大。不同的工厂噪声的污染情况也不一样，比如对水泥厂来说，它的噪声产生的原因主要有三类，分别为空气动力性噪声、机械性噪声、电磁原件噪声。其中破碎机的噪声可以达到 95～110dB(A)，生料磨的噪声可以达到 100～112dB(A)。资料表明，我国约有 20%的工人暴露在听觉受损的强噪声中，有近亿人受到噪声的严重干扰。

3. 建筑工地噪声

随着现代城市的发展进程不断加快，工程建设项目的日益增多，建筑施工所形成的噪声污染问题也日益突出，成为当前环境噪声污染的重要来源。尤其是在城市人口稠密地区，建设项目施工中所产生的噪声污染对人的正常作息、思考、交谈等行为造成重要影响，也成为重要的社会焦点问题，由此形成的矛盾、投诉等问题也日渐增多。建筑工程大都是涉及面广、组织庞大的系统工程，尤其是其中涉及各式各样的工程机械，种类繁多且大多是巨型机械，在工程施工期内形成噪声污染的便是这些机械运作所产生的声音，是主要的噪声源。各类机械的噪声平均强度如表 7-1 所示。

表 7-1　建筑工地噪声

设备名称	声级/dB(A)	设备名称	声级/dB(A)
打桩机	120	柴油发动机	100
混凝土搅拌机	98	水泵	90
电锯	110	载重汽车	90

4. 社会生活噪声

社会噪声是指人为活动所产生的除工业噪声、建筑施工噪声和交通运输噪声之外的干扰周围生活的声音。主要是商业、娱乐、体育、游行、庆祝、宣传等活动产生的噪声。比如以下几种均为常见的生活噪声：①宠物叫声，主要是鸽子和狗的叫声；②家用电器声，像空调和洗衣机由于破旧或使用不当而产生的过高噪声；③家庭娱乐声，指打麻将或喝酒时猜拳行令等声音；④练习乐器声，像弹钢琴、吹笛子等；⑤室内装修声，像砸墙、砌砖和使用电锯、电钻等声音；⑥家庭内部或邻里之间的吵架声。

实际上人们遇到的社会生活噪声远不止这么多，在人口稠密的城市里，在活动范围狭小的空间里，所有能够产生声响的活动如果不注意控制音量，不管时间和地点都有可能成为影响他人的社会生活噪声。

第二节　噪声污染的危害

随着近代工业的发展，环境污染也随之产生，噪声污染就是环境污染的一种，已经成为对人类的一大危害。噪声污染与水污染、大气污染被看成是全球三个主要环境问题。

一、噪声对睡眠的干扰

人类有近 1/3 的时间是在睡眠中度过的，睡眠是人类消除疲劳、恢复体力、维持健康的一个重要条件。但环境噪声会使人不能安眠或被惊醒，在这方面，老人和病人对噪声干扰更为敏感。当睡眠被干扰后，工作效率和健康都会受到影响。研究结果表明：连续噪声可以加快熟睡到轻睡的回转，使人多梦，并使熟睡的时间缩短。一般来说，40dB(A)的连续噪声可使 10％的人受到影响，70dB(A)的噪声可影响 50％的人；而突发噪声在 40dB(A)时，可使 10％的人惊醒，到 60dB(A)时，可使 70％的人惊醒。噪声长期干扰睡眠会造成失眠、疲劳无力、记忆力衰退，以致产生神经衰弱症。

二、噪声对语言交流的干扰

噪声对语言交流的影响，来自噪声对听力的影响。这种影响，轻则降低交流效率，重则损伤人们的语言、听力。研究表明，30dB(A)以下属于非常安静的环境，如播音室、医院等应该满足这个条件。40dB(A)满足正常的环境，如一般办公室应保持这种水平。50～60dB(A)则属于较吵的环境，此时脑力劳动受到影响，谈话也受干扰。打电话时，周围噪声达 65dB(A)时对话有困难；在 80dB(A)时，则听不清楚。在噪声达 80～90dB(A)时，距离约 15cm 也得提高嗓音才能进行对话。如果噪声 dB(A)数再高，实际上对话的可能性就很小了。

三、噪声损伤听觉

人短期处于噪声环境时，即使离开噪声环境，也会造成短期的听力下降，但当到安静环境时，经过较短的时间即可以恢复，这种现象叫听觉适应。如果长年无防护地在较强的噪声环境中工作，在离开噪声环境后听觉敏感性的恢复就会延长，经数小时或十几小时，听力可以恢复。这种可以恢复听力的损失称为听觉疲劳。随着听觉疲劳的加重会造成听觉机能恢复不全。因此，预防噪声性耳聋首先要防止疲劳的发生。一般情况下，85dB(A)以下的噪声不至于危害听觉，而 85dB(A)以上的噪声则可能发生危险。统计表明，长期工作在 90dB(A)以上的噪声环境中，耳聋发病率明显增加。

四、噪声可引起多种疾病

噪声除了损伤听力以外，还会引起其他人身损害。噪声可以引起心绪不宁、心情紧张、心跳加快和血压增高。噪声还会使人的唾液、胃液分泌减少，胃酸降低，从而易患胃溃疡和十二指肠溃疡。一些工业噪声调查结果指出，在高噪声条件下工作的劳动者，比如在钢铁车间和机械加工车间，比在安静条件下工作的劳动者消化系统发病率高。在强声下，高血压的人也多。不少人认为，20 世纪生活中的噪声是造成心脏病的原凶之一。长期在噪声环境下工作，对神经功能也会造成障碍。实验证明，在噪声影响下，人脑电波可发生变化。噪声可引起大脑皮层兴奋和抑制的平衡，从而导致条件反射的异常。有的患者会引起顽固性头痛、神经衰弱和脑神经机能不全等。症状表现与接触的噪声强度有很大关系。例如，80～85dB（A）的噪声，使人很容易激动、感觉疲劳，头痛；95～120dB（A）的噪声，会使人感到头部钝性痛，并伴有易激动、睡眠失调、头晕、记忆力减退等症状；噪声强到 140～150dB（A）时，不但引起耳病，而且发生恐惧和全身神经系统紧张性增高。噪声对儿童的智力发育也有不利影响，据调查，3 岁前儿童生活在 75dB（A）的噪声环境里，他们的心脑功能发育都会受到不同程度的损害，在噪声环境下生活的儿童，智力发育水平要比安静条件下的儿童低20％。噪声对人的心理也会产生影响，可以使人产生烦恼、激动、易怒等不良情绪。

噪声不仅会给人体健康带来不利影响，也会对动植物和建筑物产生一定的影响。小鼠在生长发育期间受到强噪声作用后，其防御性条件反射活动的建立比正常对照组困难得多，说明强噪声不仅可产生耳蜗组织结构损伤，引起听阈变化、听力损失，也影响了小鼠中枢神经系统的功能，影响脑发育。强噪声刺激对豚鼠脑、心脏、肝脏的元素钙、镁、锌、铜代谢的影响是极其严重的。血中微量元素锌减少极显著，而铜增加极显著。心肌镁元素含量降低极显著，而钙元素升高极显著，且停止噪声暴露后，这种损害性效应仍然存在。

噪声能够促进果蔬的衰老进程，使呼吸强度和内源乙烯释放量提高，并能激活各种氧化酶和水解酶的活性，使果胶水解，细胞破坏，导致细胞膜透性增加。

第三节　噪声的控制技术

控制噪声的最根本的办法就是从声源上控制它，通过研制和选用低噪声设备，改进生产加工工艺，提高机械设备的加工精度和安装技术，用低噪声的焊接代替高噪声的铆接，用无声的液压代替高噪声的捶打以及对振动机械采用阻尼隔振等措施，可减少发声体的数目或降低发声体的辐射声功率，这是控制噪声的根本途径。但是，在很多情况下，由于技术或者经济上的原因，从噪声源上进行控制难以实施，这就需要从噪声传播途径上进行控制。比如在城市规划时，把高噪声工厂或车间与居民区、文教区等分隔开。在工厂内部把强声车间与生活区分开，强噪声源尽量集中安排，便于集中治理。充分利用噪声随距离衰减的规律控制噪声污染，利用天然地形如山冈、土坡、树林等。也可在工厂和施工现场周围或交通道路两侧设置足够高度的围墙、隔声屏或绿化带等。

一、吸声

1. 概念

吸声是指声波传播到某一界面时一部分声能被界面反射（或散射），一部分声能被界面吸收。这包括声波在边界材料内转化为热能被消耗掉或者转化为振动能沿边界构造传递转移，或者直接投射到边界另一面空间。对于入射波来说，除了反射到原来空间的声能外，其余的能量都被看做被边界面吸收。比如在房间的内壁及空间装设空间吸声结构，声波投射到这些结构表面后，部分声能被吸收，就能使反射声减少，总的声音强度也就降低。

2. 吸收材料

所谓吸声材料，就是把声能转换成热能的材料。根据吸声机理的差异，吸声材料分为共振吸声材料和多孔吸声材料两大类。共振吸声材料和多孔吸声材料相当于多个赫姆霍兹吸声器并联而成的共振吸声结构。当声波入射到材料表面时，材料内及周围的空气随声波来回一起振动，相当于一个活塞，它反抗体积速度的变化是个惯性量。材料与壁面间的空气层相当于一个弹簧，它可以起到阻止声压变化的作用。不同频率的声波入射时，这种共振系统会产生不同的响应。当入射声波的频率接近系统的固有频率时，系统内空气的振动很强烈，声能大量损耗，即声吸收最大。相反，当入射声波的频率远离系统固有的共振频率时，系统内空气的振动很弱，因此吸声的作用很小。多孔吸声材料的原理为惠更斯原理：声源的振动引起波动，波动的传播是由于介质中质点间的相互作用。在连续介质中，任何一点的振动，都将直接引起邻近质点的振动。多孔吸声材料具有许多微小的间隙和连续的气泡，因而具有一定的通气性。当声波入射到多孔材料表面时，主要是两种机理引起声波的衰减。首先是由于声波产生的振动引起小孔或间隙内的空气运动，造成和孔壁的摩擦，紧靠孔壁和纤维表面的空气受孔壁的影响不易动起来，由于摩擦和黏滞力的作用，使相当一部分声能转化为热能，从而使声波衰减。反射声减弱达到吸声的目的。其次，小孔中的空气和孔壁与纤维之间的热交换引起的热损失，也使声能衰减。另外，高频声波可使空隙间空气质点的振动速度加快，空气与孔壁的热交换也加快。这就使多孔材料具有良好的高频吸声性能。多孔类吸声材料的高效吸声频率范围较宽且位于高频段，这比较适合人耳对高频声反应灵敏而对低频声反应相对迟钝的特性，是吸声材料选用较多的一类材料。共振吸声的高效吸声频率范围较窄，而且在吸声峰值以外的吸声作用明显下降，因此，这类吸声结构主要用来针对一些窄频带内声音的强吸收。

(1) 常用的吸声材料　目前采用的多孔吸声材料可分泡沫类吸声材料和纤维类吸声材料。根据泡沫材料孔形式的不同，可分为闭孔、开孔和半开孔三种。纤维材料按其选材的物理特性和外观主要分为有机纤维吸声材料、无机纤维吸声材料、金属纤维吸声材料等。传统的有机纤维吸声材料在中、高频范围具有良好的吸声性能，如棉麻纤维、毛毡、甘蔗纤维板、木质纤维板、水泥木丝板等有机天然纤维材料，以及聚丙烯腈纤维、聚酯纤维、三氰胺等化学纤维材料，但这类材料的防火、防腐、防潮等性能较差，应用时受环境条件的制约。有机纤维材料主要有岩棉、玻璃棉、矿渣棉以及硅酸铝纤维棉等，由于具有吸声性能好、质轻、不蛀、不腐、不燃、不老化等特点，从而逐渐替代了传统的天然纤维吸声材料，在声学工程中得到了广泛应用。影响多孔吸声材料吸声特性的主要因素有孔隙率、孔径、厚度和背后空腔四个因素。

(2) 常用的共振吸声结构　常见的共振吸声结构是穿孔板共振吸声结构。在薄板上穿孔，并离结构层有一定距离安装，就形成最简单的吸声结构。金属板制品、胶合板、硬质纤维板、石膏板和石棉水泥板等，在其表面开一定数量的孔，其后具有一定厚度的封闭空气层就组成了穿孔板吸声结构。它的吸声性能与板厚、孔径、孔距、空气层的厚度以及板后所填的多孔材料的性质和位置有关，主要是吸收中、低频的声能。穿孔板吸声结构空腔无吸声材料时，最大吸声系数约为 0.3～0.6，这时穿孔率不宜过大，以 1%～50% 比较合适。穿孔率大，则吸声系数峰值下降，且吸声带变窄。在穿孔板吸声结构空腔内放置多孔吸声材料，可增大吸声系数。由于穿孔板吸声结构存在吸声频带较窄的缺点，近年来国内研制出了微穿孔板吸声结构。著名声学专家马大猷教授等奠定了微穿孔板吸声结构的理论基础，给出了具体设计方法，可以设计制造各种类型的微穿孔板吸声结构。

二、消声

许多机械设备的进、排气管道和通风管道，都会产生强烈的空气动力性噪声，消声是消除这种空气动力性噪声的方法。消声器就是阻止或减弱噪声传播而允许气流通过的一种装置。把消声器装在设备的气流通道上，可以使该设备本身发出的噪声和管道中的空气动力噪声降低。

好的消声器应当具备以下三个性能：消声量大，空气动力性能好，结构性能好。根据消声机理，消声器主要分为阻性消声器和抗性消声器两大类，另外还有阻抗复合式消声器、微穿孔板消声器、高压排气消声器、干涉型消声器和有源消声器等。

1. 阻性消声器

阻性消声器的消声原理是利用声阻进行消声。阻性消声器一般是利用多孔吸声材料来制作，当声波通过敷设有吸声材料的管道时，声波将激发多孔材料中众多小孔内空气分子的振动，由于阻力和黏滞力的作用，使一部分声能转换为热能耗散掉，从而达到消声目的。阻性消声器的中、高频消声性能较好，而低频效果较差。适当地增加吸声材料的厚度和容重，选用较低穿孔率的护面结构，也能改善低频的消声性能，使之具有宽频带的消声效果。阻性消声器的消声量，首先同吸声材料的声学性能有关，材料的吸声性能越好，消声量就越大。同时还与消声器的尺寸有关，消声量正比于消声器的长度与截面周长，与横截面积成反比。在设计消声器时，尽可能选用吸声性能好的多孔材料，要详细计算通道有关几何尺寸。

阻性消声器的种类和形式很多，一般按气流通道的几何形状，可以分为直管式、片式、折板式、蜂窝式、迷宫式、声流式、盘式、弯头式等。

2. 抗性消声器

抗性消声器是通过管道截面的突变处或旁接共振腔等在声传播过程中引起阻抗的改变而产生声能的反射、干涉，从而降低由消声器向外辐射的声能，以达到消声目的的消声器。抗性消声器和阻性消声器不同，它不使用吸声材料，而是利用各种不同形状的管道、腔和室进行适当的组合，提供管道系统的阻抗失配，使声波产生反射或干涉现象，从而降低由消声器向外辐射的声能。抗性消声器的性能和管道结构形状有关，一般选择性较强，适用于窄带噪声和低、中频噪声的控制。扩张室消声抗性消声器是最常用的结构形式，也称膨胀式消声器。其主要消声原理是：利用管道的截面突变引起声阻抗变化，使得一部分沿管道传播的声波反射回声源；同时，通过腔、室和内接管长度的变化，使得向前传播的声波与在不同管截面上的反射波之间产生 180° 的相位差，相互干涉，从而达到消声的目的。按其通道的结构形式，扩张室消声器可分为单腔式、孔形式、锥形式、带外连接管的双节式、带内连接管的双节式五种基本形式。

共振腔消声器也是抗性消声器的一种主要形式。它是利用共振吸声原理进行消声的，最简单的共振消声器是单腔共振消声器。一个封闭的容积通过一个导管或多个小孔与气流通道相连，即可组成一个共振系统。孔径中的空气柱类似一个活塞，具有一定的声质量；空腔类似一个弹簧，具有一定的声顺；空气柱振动时，壁面的摩擦阻尼产生了一定的声阻，整个系统类似接上一个旁支滤波器。当声波入射到共振腔口时，因声阻抗的突然变化，一部分声能将反射回声源。同时，在声波的作用下，孔径中的空气柱产生振动，振动时的摩擦阻尼又使一部分声能转换为热能而耗散掉。这样，有少量声能辐射出去，从而达到了消声的目的。

3. 阻抗复合式消声器

　　在实际工程中，常遇到的噪声多是宽频带的，为了在低、中、高频均获得较好的消声效果，可以将阻性、抗性两种结构的消声器复合起来使用，使它们取长补短，这种结构的消声器即常说的阻抗复合式消声器。

　　根据不同的消声原理，结合具体的现场条件及声源特性，通过不同方式的组合即可设计出不同结构形式的阻抗复合消声器。一般情况下，抗性部分放在前面（入口端），阻性部分放在后面，特别对于有脉动气流存在的场所。

　　对于阻抗复合式消声器，可以定性地认为是阻性与抗性在同频带内的消声值叠加，但定量地讲，总的消声值并非是简单的叠加关系。因为声波在传播过程中产生的干涉、反射等声学现象，以及声的耦合作用，相互影响，不易确定简单的定量关系，在实际应用中，还是用实际测量值来了解复合消声器的消声特性。

　　4. 微穿孔板消声器

　　微穿孔板消声器是利用微穿孔板吸声结构制成的消声器。在厚度小于 1mm 的板材（金属板或其他板材）上，开适量孔径为 1mm 左右的微孔，穿孔率一般为 1%～3%，在穿孔板后留有一定的空腔，即成为微穿孔板吸声结构。微穿孔板吸声结构是一种高声阻、低声质量的吸声元件。微穿孔板消声器的结构形式类似于阻性消声器，按气流通道的形状，可分为直管式、片式、折板式、声流式等。

　　微穿孔板消声器主要有以下优点。

　　① 空气动力性能好，适用于要求阻损小的设备。

　　② 气流再生噪声低，可以允许有较高的气流速度。

　　③ 不使用阻性吸声材料，没有纤维、粉尘的泄漏，可用于卫生条件要求严苛的医药、食品等行业。

　　④ 穿孔板可用普通金属板制成，也可以用不锈钢或铝板制成，或者对板材进行防腐处理，可用于高温、潮湿、腐蚀或有短暂火焰的环境中。

　　在选用微穿孔板消声器时，如果要求阻损小，可以采用直管式；如果阻损要求不太严格时，也可考虑采用声流式或其他形式的消声器。

　　5. 高压排气消声器

　　高压排气或放空所产生的空气动力性噪声，也称喷注噪声，是环境噪声中的强声源之一，例如电厂的锅炉放空排气和安全阀、冶金和化工行业的高速高压气体排放等均是这类噪声源。消声器的消声机理是降低气流速度，降低排放压力，改变喷注的结构。消声器主要采用小孔喷注、多孔扩散、节流降压等形式。

　　6. 干涉型消声器和有源消声器

　　干涉型消声器是根据声波的干涉原理制作的。声波通过不同长度的传播途径，在主通道的汇合处，振幅相等、相位相反的两个声波，彼此相互干涉，从而降低了噪声的辐射。这个类型的消声器对单频或频率范围较窄的低频噪声有较好的消声效果，对于宽频带的噪声则没有什么效果。

　　有源消声器是利用电子线路和功率放大设备产生与原噪声相位相反的声音，来抵消原噪声，从而达到降噪目的的一种装置。它是由传声器、放大器、反相器、功率放大器、扬声器组成的系统，是一种能够减少传声器邻区声压的电声反馈系统。

　　有源消声器的工作原理是：传声器通过声-电转换将接收到的声压转变为相应的电压，通过放大器把电压信号放大到反相器所要求的输入电压，经过反相器后，这个电压信号被相移 180°，然后送到功率放大器，经过功率放大后推动扬声器，使其产生与源声压大小相等而相位相反的声压，两声压彼此相互抵消，从而达到了降低噪声的目的。

由于声场中各点声压的幅值、位相差别很大，同时受到电声系统中元器件的制约，目前，有源消声器较适用于低中频范围内比较窄的频带。

三、隔声

隔声是利用墙体、各种板材及构件作为屏蔽物或利用围护结构把噪声控制在一定的范围之内，使噪声在空气中的传播受阻而不能顺利通过，从而达到降低噪声的目的。典型的隔声措施有隔声罩、隔声间和隔声屏。

隔声罩是将声源封闭在一个相对小的空间内，以减少向周围空间辐射噪声的封闭型罩状结构。当难以从声源本身降噪，而生产操作又允许将声源封闭起来时，使用隔声罩会获得很好的效果，一般可以降低噪声 10～30dB(A)。

隔声罩技术措施简单，投资少，隔声效果好。在设计隔声罩时，应根据隔声罩的实际应用场合注意以下几点。

① 隔声罩最外层的罩壳壁材必须有足够的隔声量。一般采用 1.5～3mm 的钢板，对要求重量轻的隔声罩也可采用铝板。在陆上一些大而固定的场合也可用砖或混凝土制作。

② 当采用钢或铝板之类的材料作罩壁时，在板的内壁涂 3～5mm 的阻尼层，以抑制与减弱共振和驻波效应的影响。

③ 罩内必须采用吸声材料进行吸声处理。其作用是吸收声能，保证隔声罩能起到有效的隔声作用。

④ 隔声罩最里层安装穿孔板或钢丝网，以防止吸声材料脱落，另外穿孔板还可以吸收部分声能。

⑤ 罩体与声源设备及公共机座之间不能有刚性接触，以避免声桥出现，较强的结构声传入罩体会使其成为声辐射源，从而大大降低隔声效果，使隔声量降低。对其隔振的措施是先将机器设备隔振再在隔声罩与基础之间安装隔振器，从而减少结构声传入罩体。罩体与机器设备的必要连接处应尽量采用弹性体连接。

⑥ 罩壁上设立隔声门窗、通风散热孔、电缆等管线时，缝隙处必须密封，管线周围应有减振、密封措施。

⑦ 隔声罩的形状要恰当，避免罩壁平面与机器设备的平面平行，以防止罩内空气的驻波效应和罩壳的共振。

⑧ 隔声罩外形美观、操作方便、使用寿命长也是设计中应考虑的问题，加罩后便于操作是隔声罩设计的关键之一。

隔声间是由不同隔声构件组成的具有良好隔声性能的房间。在强噪声车间的控制室、观察室、声源集中的风机房、高压水泵房等均可建造隔声间，给工作人员提供一个安静的环境。或者由于机器体积较大，设备检修频繁又需进行手工操作，此时只能采用一个大的房间把机器围护起来，并设置门、窗和通风管道。此类隔声间类似一个大的隔声罩，只是人能进入其间。

四、隔振与阻尼

环境振动的传播过程主要是由振动源通过传递介质传播给接受者，比如机器振动通过基础传播给其他建筑物。在环境保护中遇到的振动源主要有：工厂振源（往复旋转机械、传动轴、电磁振动等）、交通振源（汽车、机车、路轨、路面、飞机、气流等）、建筑工地（打桩、搅拌、压路机等）以及大地脉动及地震等。传递介质主要有：地基地坪、建筑物、空气、水、道路、构件设备等；接受者除人群外，还包括建筑物及仪器设备等。

根据振动的性质及其传播的途径，振动的控制方法可归纳为以下三类。

① 减少振动源的扰动。振动的主要来源是振动源本身的不平衡力引起的对设备的激励。减少或消除振动源本身的不平衡力（即激励力），从振动源来控制，改进振动设备的设计和提高制造加工装配精度，使其振动最小，是最有效的控制方法。例如，鼓风机、高压水泵、蒸汽轮机、燃气轮机等旋转机械，大多属高速旋转类，其微小的质量偏心或安装间隙的不均匀常带来严重的危害。为此，应尽可能调好其静、动平衡，提高其制造质量，严格控制安装间隙，以减少其离心偏心惯性力的产生。性能差的风机往往是动平衡不佳，不仅振动剧烈，还伴有强烈的噪声。

② 防止共振。振动机械激励力的振动频率若与设备的固有频率一致，就会引起共振，使设备振动得更厉害，起了放大作用，其放大倍数可有几倍到几十倍。共振带来的破坏和危害是十分严重的。木工机械中的锯、刨加工，不仅有强烈的振动，而且常伴随壳体等共振，产生的抖动使人难以承受，操作者的手会感到麻木。高速行驶的载重卡车、铁路机车等，往往使较近的居民楼房等产生共振，在某种频率下，会发生楼面晃动、玻璃窗强烈抖动等。

③ 采用隔振技术。振动的影响，特别是对于环境来说，主要是通过振动传递来达到的，减少或隔离振动的传递，振动就得以控制。一般来说在振动源与其他结构之间铺设隔振材料，如橡胶板、软木、毛毡等。在振动机械基础的四周开有一定宽度和深度的沟槽——防振沟，里面填充松软物质（如木屑等）或不填，用来隔离振动的传递，这也是以往常采用的隔振措施之一。在设备下安装隔振元件——隔振器，是目前工程上应用最为广泛的控制振动的有效措施。安装这种隔振元件后，能真正起到减少振动与冲击力的传递的作用，只要隔振元件选用得当，隔振效果可在 85%～90% 以上。

五、噪声主动控制

噪声主动控制又称为有源减噪技术，是根据声波相消相干的原理实施的。比如利用电子线路和扩声设备产生与噪声的相位相反的声音来抵消原来的噪声而达到降低噪声的目的。噪声主动控制系统的主要装置包括传声器、放大器、反相装置、功率放大器和扬声器。随着信号技术的发展，噪声主动控制已经成为一种可以实施的技术，它在低频噪声的控制方面具有独特的优势。

有源减噪技术自从 1947 年 H. F. 奥尔森首次提出以后，引起了很多人的兴趣，但是因声场环境复杂，噪声源声场随时间起伏较大，在很长一段时间内这项技术研究进展不大，直到计算机技术和信号处理技术的发展，才促进了噪声有源控制的快速发展。到了 20 世纪 80 年代中期又有学者提出了改变声源特性来代替声场抵消，这种技术针对性强，低频效果好，在降噪的同时可以保证语言信息的传输，因此这项技术发展很快。近年来，噪声主动控制方法的理论逐渐成熟，尤其是随着智能材料的出现，为噪声主动控制带来了生机。

第四节　其他物理性污染及防治

一、电磁辐射污染及防护

当电荷、电流随时间变化时，在其周围就激励起电磁波。在电磁波向外传播的过程中会有电磁能输送出去，能量以电磁波的形式通过空间传播的现象称为电磁辐射。自从 1831 年英国科学家法拉第发现电磁感应，人类就开始应用电磁辐射。随着科学技术的进步，电磁辐射的利用已经深入到人类生产、生活的各个方面，无线电广播、电视、无线通信、卫星通信、手机、电磁炉、微波炉、电脑、变电站、高压输电网、电热毯等各种电磁辐射源发射的电磁波充斥着人类的生活空间，由电器运行产生的电磁波，在人类活动的空间中已无所不在。

电磁辐射是看不见、摸不着、听不到、闻不出的，它不像水、气、声、固体废物所产生的污染有视觉、听觉、嗅觉、味觉等直观的感受，正因为如此，电磁辐射像是蒙上了一层神秘的面纱，容易被人误解，引起人们的不安和恐慌。

电磁辐射按其来源途径分为天然和人为两种。天然的电磁辐射主要是某些自然变化引起的，最常见的有来自电离层的变动、太阳磁爆、太阳黑子、宇宙辐射（银河系的射电星）、雷电、火山喷发、地震及我们周围的静电放电等。人工型电磁辐射则主要产生于人工制造的若干系统、电子设备和电气装置。比如切断大电流电路进而产生的火花放电，其瞬间会产生很强的电磁干扰。在大功率电机、变压器以及输电线等附件的电磁场，并不以电磁波的形式向外辐射，但是可以产生严重的电磁干扰。无线电广播、电视、微波通信等各种射频设备的辐射，频率范围宽广，影响区域也大，能危害附近厂区的工作人员。从影响效果来看，现在环境中的电磁辐射主要来自人工电磁辐射。其中，表现最突出的就是电信系统中无线电和电视发射台，其次是工业生产、科学研究和医疗设备，此外，家用电器和通信器材与人体距离近，也是重要的电磁辐射污染源。

电磁波的危害主要有以下几类。

① 对人体的危害。一是热效应，就是高频电磁波直接对生物肌体细胞产生"加热"作用，由于它是穿越生物表层直接对内部组织"加热"，而生物体内组织散热又困难，所以往往肌体表面看不出什么，而内部组织已严重"烧伤"。由热效应引起的肌体升温，会直接影响到人体器官的正常工作，对心血管系统、视觉系统、生育系统等都有一定的影响。二是非热效应，是低频电磁波产生的影响。人体被电磁波辐照后，体温并未明显升高，但已干扰了人体固有的微弱电磁场，从而使人体处于平衡状态的微弱电磁场遭到破坏，使血液、淋巴液和细胞原生质发生变化造成细胞内的脱氧核糖核酸受损和遗传基因突变而畸形，进而引起系列疾病，如白血病、肿瘤、婴儿畸形等。非热效应包括物理效应（电效应）和化学效应。目前很多专家学者认为，电磁场对人体组织产生的化学效应远远大于热效应，由此可以看出非热效应的"杀伤力"。三是累积效应，就是上述两种效应作用于人体后，对人体的伤害还未来得及修复，再次受到电磁辐射的作用，其伤害程度发生累积。累积效应具有长期性，严重时可危及生命。

② 对动植物的影响。电磁辐射污染对动植物危害重大。资料显示，由于一些大型发射系统的设置，不仅对周围居民造成了严重污染，周围的绿化植物也受到严重影响，甚至发生大面积死亡；此外，一些动物的迁移也恰恰是为了避开电磁辐射的干扰，从而，原有基础上的食物链发生变化，最终导致生态平衡的破坏。

③ 电磁干扰。现在，已经被电磁波包围的生活空间里，各个电磁波相互干扰，会对人们产生极其不利的影响。电磁干扰产生的原因为环境周围辐射源的个数、每个辐射源与该点的距离、各个辐射源的振幅、频率、波形、带宽、辐射持续时间等参数随机变化，电磁干扰很难预料，便形成了干扰电磁场（杂散电磁场）。电磁辐射主要干扰电子设备、仪器、仪表等，导致设备性能降低，产生不良后果，如信息不准确、信息需要重复或者出现延迟、系统

可用性降低，导致任务不能完成等，严重的会引发事故。

二、放射性污染及防治

1. 放射性污染源

环境中的放射性污染源具有天然和人工两个来源。

（1）天然放射性的来源　宇宙射线是一种从宇宙空间射向地球的高能粒子流，犹如雨点一般，连续不断地落到地球上。其中尚未与地球大气圈、岩石圈和水圈中的物质发生相互作用的叫初级宇宙射线，主要成分包括约 85% 的质子，约 14% 的 α 粒子以及少于 1% 的重核。宇宙射线的迁移分布受纬度和海拔高度的影响。由于大气层对宇宙射线有强烈的吸收作用，宇宙射线的强度随着高度的升高而急剧升高，大约在海拔 12 英里（1 英里＝1.609km）处达到极大值。在不同的纬度地区，宇宙射线的强度也不相同。此外，宇宙射线的强度随时间也有变化，往往具备一定的周期性。研究表明，它与太阳活动和星际间的磁场有一定的关系。

宇宙射线与大气圈中物质的相互作用，产生了大量的放射性核素，在这些核素中大部分是以散裂形式产生的碎片，也有一些是稳定原子与中子或 μ 介子相互作用产生的活化产物。它们的分布也受海拔高度和纬度的影响，其模式特点与宇宙射线的强度相似。

我们把在地球形成期间出现的放射性核素称为原生放射性核素。与地球同时形成的放射性核素有很多，但具有足够长半衰期，以致一直存在至今的却为数不多，意义最重大的有 ^{40}K、^{238}U 和 ^{232}Th 三个。它们通过放射性衰变，产生一系列的放射性子体，广泛地分布于地球环境中，主要贮存于岩石圈中，且在不同的地区浓度差异较大，主要受基岩类型、成因、矿物化学组成、土壤及植被发育程度和类型的影响。地球环境中的原生放射性污染元素，主要是指那些原子序数大于 83 的元素。这些放射性元素一般分为铀系、钍系和锕系三个系列。

（2）人为放射性污染

① 核武器使用及试验的沉降物。使用核武器或进行大气层、地面或地下核试验时，排入大气中的放射性物质与大气中的飘尘相结合，由于重力作用或雨雪的冲刷漂流而沉降于地球表面，这些物质称为放射性沉降物或放射性粉尘。放射性沉降物播散的范围很大，往往可以沉降到整个地球表面，污染大气、地面和海洋。1945 年美国在日本的广岛和长崎投放了两颗原子弹，使几十万人死亡，大批幸存者也饱受放射病的折磨。除此之外，还有核潜艇事故、携带核弹的飞机失事、用核电源的人造卫星坠入大气层等事件，同样会造成核污染。

② 核电站等核设施运营中产生的泄漏。核电站等核设施从建设、运营、退役到核废料处理全过程中都存在着潜在的放射性危害。在任何环节发生事故时，都会造成严重的放射性污染，威胁公众健康。2011 年 3 月 11 日，日本发生了里氏 9 级特大地震，并由此引发海啸与核电站爆炸。由于核电站爆炸导致的核泄漏，给大气与海洋环境造成了灾难性后果。

③ 核电站产生的核废料。由于和平利用核能的不断发展，目前世界上已囤积了大量的放射性物质。根据国际原子能机构（IAEA）的统计，全球目前有 438 座动力反应堆，651 座研究堆，还有 250 个核燃料工厂包括铀矿山、转化厂、浓缩厂及后处理厂。一个容量为一百万千瓦的反应堆，在运行 3 年之后，能产生差不多 3 吨的各种核废料，其中绝大部分是具有放射性的。根据国际上关于核原料公约的规定，对于低纯度的核原料、核电厂的核废料等，一般并不属于国际原子能机构保障监督的范围，因此，核废料的处理和管理比较松散，漏洞百出。

④ 民用核技术中的核设备和放射性物质。在经济生活中的许多方面都使用放射性物质。例如钴-60 和铯-137 发出强烈的 γ 射线，可以杀死细菌和癌细胞，用于对食物或医用器具的

消毒或治疗疾病。钚和锫衰变时放出的高能粒子，可被用于石油勘探或制造敏感的烟雾检波器，监测油井和含水层。放射性物质也广泛地存在于大学、企业和政府的实验室中，用来进行核工程学和核物理学研究。国际原子能机构（IAEA）曾指出，全球 100 多个国家在防止放射物质被盗方面都有程序漏洞，就连曾遭恐怖袭击的美国对本国的放射性物质也疏于管理。美国核管理委员会在一份报告中承认，自 1996 年以来，美国 1500 多件放射源曾下落不明，半数以上至今没有找到。此外，欧盟的一份报告显示，欧盟国家每年都有 70 多件放射源丢失。

⑤ 废弃的或核军工遗留的放射性废物。前苏联的哈萨克斯坦东北部曾是全球最大的核试验场，从 1949～1989 年，这里曾进行过 500 多次核试验。随着苏联解体，全部热核装置已被销毁。然而，哈萨克斯坦仍是重要的产铀国，而且在苏联时期曾接受过大量放射性垃圾。在土库曼斯坦、乌兹别克斯坦、塔吉克斯坦和吉尔吉斯斯坦四个中亚国家，苏联遗留下来的核设施也具相当规模，一些军事和工业基地仍储存着不少放射性材料和核废料。这些放射性废料分布在中亚各国，其数量估计比俄罗斯境内的同类物料还要多。按照美国人的观点，中亚国家对苏联留下的丰厚的辐射物遗产监管不严，致使该地区成了脏弹的源头。从 1991 年至今，中亚地区已发生多起核燃料偷窃和走私案件，该地区已经成为最大的放射物质走私市场。

2. 放射性污染的危害

放射线引起的生物效应，主要是使机体分子产生电离和激发，破坏生物机体的正常机能。这种作用可以是直接的，即射线直接作用于组成机体的蛋白质、碳水化合物等而引起电离和激发，并使这些物质的原子结构发生变化，引起人体生命过程的改变；也可以是间接的，即射线与机体内的水分子起作用，产生强氧化剂和强还原剂，破坏有机体的正常物质代谢，引起机体系列反应，造成生物效应。由于水占人体质量的 70% 左右，所以射线间接作用对人体健康的影响比直接作用更大。应指出的是，射线对机体的作用是综合性的（直接作用加间接作用），在同等条件下，内辐射（例如氡的吸入）要比外辐射（例如射线）危害更大。大气和环境中的放射性物质，可经过呼吸道、消化道、皮肤、直接照射、遗传等途径进入人体，一部分放射性核素进入生物循环，并经食物链进入人体。放射性核素进入人体后（由于它具有不断衰变并放出射线的特性），以及放射性环境、放射性诊断等对人体直接辐照，即内照射和外照射，使体内组织失去正常的生理机能并给组织造成损伤。其中氡的危害最为显著，1998 年 WTO 公布放射性氡为人类癌症的主要致病元凶之一。

人和动物因不遵守防护规则而接受大剂量的放射线照射、吸入大气中放射性微尘或摄入含放射性物质的水和食品，都有可能产生放射性疾病。放射病是由于放射性损伤引起的一种全身性疾病，有急性和慢性 2 种。前者因人体在短期内受到大剂量放射线照射而引起，如核武器爆炸、核电站的泄漏等意外事故，可产生神经系统症状（如头痛、头晕、步态不稳等）、消化系统症状（如呕吐、食欲减退等）、骨髓造血抑制、血细胞明显下降、广泛性出血和感染等，严重患者多数致死。后者因人体长期受到多次小剂量放射线照射引起，有头晕、头痛、乏力、关节疼痛、记忆力减退、失眠、食欲不振、脱发和白细胞减少等症状，甚至有致癌和影响后代的危险。白血球减少是机体对放射性射线照射最为灵敏的反应之一。放射性辐射可诱发致癌的机理目前有 2 种假说：一是辐射诱发机体细胞突变，从而使正常细胞向恶细胞转变。二是辐射可使细胞的环境发生变化，从而有利于病毒的复制和病毒诱发恶性病变。除致癌效应外，辐射的晚期效应还包括再生障碍性贫血、寿命缩短、白内障和视网膜发育异常。

放射线具有能够穿透人体，使组织细胞和体液发生物理与化学变化，引起不同程度的损伤的特性，胚胎或胎儿对 X 线及各种射线敏感性更高。根据照射量和照射期的不同，分别会出现以下后果：致死效应、致畸效应、致严重智力低下、致癌效应。根据有关资料介绍，青年妇女在怀孕前受到诊断性照射（0.007～0.05Gy）后其小孩发生 Downs 综合征的概率增加 9 倍。低剂量的照射对胎儿是有害的。另一个引人注目的人群是职业女性，特别是护士和从事放射线诊断的医疗人员，她们在妊娠后由于职业关系胎儿受放射线照射而产生影响的问题已成为社会上普遍关注的大问题。受广岛、长崎原子弹辐射的孕妇，有的就生下了弱智的孩子。根据医学界权威人士斯图尔特先生的研究发现，受放射线诊断的孕妇生的孩子小时候患癌和白血病的比例增加。

3. 放射性污染的防护

辐射防护的目的在于完全防止非随机性效应，并限制随机性效应的发生率。放射性对人体的辐射，主要发生在封闭性放射源的工作场所和放射性"三废"物质的处理、处置等过程中，具体防护措施有如下几种。

① 时间防护。在具有特定辐射剂量的场所，工作人员所受到的辐射累积剂量与人体在该场所停留的总时间成正比。所以工作人员应尽量做到操作快速、准确，或采取轮流操作方式，以减少每个操作人员受辐射的时间。

② 距离防护。点状放射性污染源的辐射剂量与污染源到受照者之间的距离的平方成反比，人距离辐射源越近接受的辐射剂量越大，所以工作人员应尽可能远离放射源进行操作。

③ 屏蔽防护。根据各种放射性射线在穿透物体时被吸收和减弱的原理，可采用各种屏蔽材料来吸收降低外照射剂量。α 射线射程短穿透力弱，一般不考虑屏蔽问题；β 射线穿透力较大，常用质量较轻的材料，如铝板、塑料板、有机玻璃等；γ 射线和 X 射线穿透力强、危害大，屏蔽时应采用足够厚度和容重的材料，如铝、铁、钢或混凝土构件；对于中子射线，一般采用含硼石蜡、水、锂、铍和石墨等作为慢化及吸收中子的屏蔽材料。

三、热污染及其防护

1. 热污染的概念

自然界中局部的热能转换和人类所从事种类繁多的生活、生产活动向环境排放热量，当热量超过环境所允许的极限（环境容量）时，环境质量发生恶化，使人们的生活、工作、健康、精神状态，设备财产以及生态环境等遭受到恶劣影响和破坏，此类现象为热污染。主要包括：水体热污染与大气热污染。由于向水体排放温水，使水体温度升高到有害程度，引起水质发生物理、化学和生物的变化，称为水体热污染。水体热污染主要是由于工业冷却水的排放，其中以电力工业为主，其次为冶金、化工、石油、造纸和机械工业等。按照大气热力学原理，现代社会生产、生活中的一切能量都可转化为热能扩散到大气中，大气温度升高到一定程度，引起大气环境发生变化，形成大气热污染。特别是大量消耗煤炭、石油等矿物资源产生的大量二氧化碳和二氧化硫气体排入大气，这些气体在大气层中含量不断增多，削弱了地球大气层抵御太阳紫外线的能力，形成"温室效应"，致使地球表面温度不断升高。

2. 热污染的危害

① 危害人体健康。热污染对人体健康构成严重危害，降低人体的正常免疫功能。高温不仅会使体弱者中暑，还会使人心率加快，引起情绪烦躁，精神萎靡，食欲不振，思维反应迟钝，工作效率低。高温助长了多种病原体、病毒的繁殖和扩散，易引起疾病，特别是肠道

疾病和皮肤病。

② 影响全球气候变化。随着人口和耗能数量的增多，人类使用的全部能量最终将转化为热，传入大气，逸向太空。这样，使地面对太阳热的反射率增高，吸收太阳辐射热减少，沿地面空气热减少，上升气流减弱，阻碍云雨形成，造成局部干旱，影响农作物生长。由于全球气候变暖，空气中水蒸气相对较少，干旱地区明显增多，土地干裂，河流干涸、沙化严重。热污染还可能破坏大片海洋从大气层中吸收 CO_2 的能力，热污染使得吸收 CO_2 能力较强的单细胞水藻死亡，而使吸收 CO_2 能力较弱的硅藻数量增加。如此引起恶性循环，使地球变得更热。热污染使海水温度升高，使海藻、浮游生物和甲壳类动物等物种栖息的珊瑚礁和极地海岸周围的冰架遭到破坏，同时滋生了未知细菌和病毒，威胁着生物的安全和人类的健康。

③ 污染大气。人类使用的全部能源最终将转化为一定的热量进入大气环境，使大气增温，同时煤、石油、天然气等矿物质在利用过程中燃烧产生大量 CO_2 也会使气温上升，这些热量将会对大气环境产生严重影响。

④ 污染水体。火力发电厂、核电站、钢铁厂冷却系统排出的热水，以及石油、化工、造纸等工厂排出的生产性废水中含有大量废热，影响水质和水中生物，使水体富营养化，传染病蔓延，有毒物质毒性增大，能量消耗增加且威胁企业生产安全。

3. 热污染的防治

① 在源头上，应尽可能多地开发和利用太阳能、风能、潮汐能、地热能等可再生能源。

② 加强绿化，增加森林覆盖面积。绿色植物具有光合作用，可以吸收 CO_2，释放 O_2，还可以产生负离子。植物的蒸腾作用可以释放大量水蒸气，增加空气湿度，降低气温。林木还可以遮光、吸热、反射长波辐射，降低地表温度。绿色植物对防治热污染有巨大的可持续生态功能。

③ 提高热能转化和利用率及对废热的综合利用。像在热电厂、核电站的热能向电能的转化，工厂以及人们平时生活中热能的利用上，都应提高热能的转化和使用效率，把排放到大气中的热能和 CO_2 降低到最小量。在电能的消耗上，应使用良好设计的节能、散发额外热能少的电器等。这样做，既节省能源，又有利于环境。另外，产生的废热可以作为热源加以利用。如用于水产养殖、农业灌溉、冬季供暖、预防水运航道和港口结冰等。

④ 有关职能部门应加强监督管理，制定法律、法规和标准，严格限制热排放，提高冷却排放技术水平，减少废热排放。

四、光污染及其防治

1. 光污染的分类

光和空气、水一样，是人类生存所必需的基本要素。我们知道，人的眼睛由于瞳孔的调节作用，对一定范围内的光辐射都能适应。但当光辐射逾量时，将会对生活和生产环境以及人体健康产生不良影响，即为光污染。在现代都市中，随着城市规模的不断扩大和城市的日益繁华，城市光污染也与日俱增，它正悄悄地威胁和危害着都市人的身体健康。

国际上一般将光污染分成 3 类，即白亮污染、人工白昼和彩光污染。白亮污染是指阳光照射强烈时，城市里建筑物的玻璃幕墙、釉面砖墙、磨光大理石和各种涂料等装饰反射光线，明晃白亮、耀眼夺目。据测定白色的粉刷面光反射系数为 69%～80%，而镜面的反射系数为 82%～90%，比绿色草地、森林、毛砖装饰的建筑物的反射系数大 10 倍左右，大大超过了人体所能承受的范围。专家研究发现，长时间在白色光亮污染环境下工作和生活的人，视网膜和虹膜都会受到程度不同的损害，视力急剧下降，白内障的发病率高达 45%。还使人头昏心烦，甚至发生失眠、食欲下降、情绪低落、身体乏力等类似神经衰弱的症状。

夜幕降临后，商场、酒店的广告灯、霓虹灯闪烁夺目，令人眼花缭乱。有些强光束甚至直冲云霄，使得夜晚如同白天一样，即所谓人工白昼。在这样的不夜城里，人们在夜晚难以入睡，扰乱了人体正常的生物钟，导致白天工作效率低下。人工白昼还会伤害鸟类和昆虫，强光可能破坏昆虫在夜间的正常繁殖过程。

舞厅、夜总会安装的黑光灯、旋转灯、荧光灯以及闪烁的彩色光源构成了彩光污染。据测定，黑光灯所产生的紫外线强度大大高于太阳光中的紫外线，且对人体的有害影响持续时间长。人如果长期接受这种照射，可诱发流鼻血、脱牙、白内障，甚至导致白血病和其他癌变。彩色光源让人眼花缭乱，不仅对眼睛不利，而且干扰大脑中枢神经，使人感到头晕目眩，出现恶心呕吐、失眠等症状。科学家最新研究表明，彩光污染不仅有损人的生理功能，还会影响心理健康。

如果按照光污染的环境来分，它也可分成三类：室外环境污染、室内环境污染和局部环境污染。室外环境污染，指建筑物外墙（最典型的是玻璃幕墙）的反射光、夜间过亮的城市灯光（如广告牌、霓虹灯、装饰灯等）产生的光污染；室内环境污染，指由于室内装修过度造成的不良光色环境（如歌舞厅的灯光等）产生的光污染；局部环境污染，如书本的纸张过白产生的反射光，以及电脑显示器的亮度太强等产生的光污染。

2. 光污染的危害

（1）对人体的危害　光污染首当其冲危害的是人的眼睛。光污染会对人眼的角膜和虹膜造成很大的伤害，引起人的视觉疲劳和视力下降。有人做过一个有趣的调查：晚上开灯睡觉的小孩，长大后患近视的风险要比其他小孩高。2 岁前就有开灯睡觉习惯的孩子，近视率为55%，而习惯熄灯睡觉的孩子，近视率只有 10%。知名眼科专家储仁远教授表示，造成现在青少年近视的主要原因，并非用眼习惯所致，而是视觉环境受到污染。影响视力的光污染主要是眩光、闪烁光等。光污染还与白内障的高发病率有关。如果人长期在光污染的环境下生活，不仅眼睛受到伤害，而且还会出现头昏心烦、情绪低落、身体乏力、食欲下降、恶心呕吐等类似神经衰弱的症状。

强烈的光照灯光，长时间的电视、电脑显示屏光可能导致儿童性早熟。这是由人体内松果体分泌的褪黑激素引起的，褪黑激素能抑制腺垂体促性腺激素的释放，可以防止性早熟。当人在夜间进入睡眠状态时，松果体会分泌大量的褪黑激素，天亮时便会停止分泌。人类的松果体一般在儿童中期发育至高峰，抑制性腺的过早发育；但从 7～10 岁起，松果体开始退化，性机能随之慢慢增强。儿童若受过多的光线照射，会通过减少松果体褪黑激素的分泌，导致性早熟或生殖器过度发育。

（2）对野生动物的危害　光污染不仅危及人类，而且也危及野生动植物。有的科学家认为，光污染就像有毒的化合物一样，对一些物种构成生理上的压力和伤害。人间灯火会扰乱夜间活动的动植物的生理节奏，干扰它们的正常生活。有一种树蛙喜欢在晚上鸣叫，如果周围有强烈的灯光，它就不再出声。雄蛙如果不叫，就无法吸引雌蛙繁殖后代。长此下去，会影响到树蛙的生存。蝙蝠、绝大多数小型食肉动物和啮齿类动物、20% 的灵长类动物以及80% 的有袋动物等在夜间活动的动物，它们都会成为光污染的直接或间接受害者。

鸟类更是光污染的受害者。夜间飞行的鸟依靠星光和月光导航，建筑物上炫目的灯光会使飞鸟迷失方向，特别是在雾、雨天的后半夜，有的鸟误撞高楼，坠落在地上；有的像飞蛾扑火那样,扑闪着翅膀绕着亮灯的高楼转圈,直到力竭坠地而亡。研究人员还发现光污染会影响鸟类繁殖行为的时间。

(3)对大气生活环境的影响 最近,意大利和美国的科研小组发现,全球有 2/3 地区的居民看不到星光灿烂的夜空,接近一半的地球人无法用肉眼看到银河系。尤其在西欧和美国,高达 99% 的居民看不到星空。在北美、西欧、日本和韩国的大部分地区,夜晚已经变成了不暗的黄昏。过度的城市夜景照明会危害正常的天文观测。据估计,如果城市上空夜间的亮度每年以 30% 的速度递增,会使天文台丧失正常的观测能力,这已成为困扰世界天文观测的一个难题。

烈日下驾车行驶的司机会遭到玻璃幕墙反射光的突然袭击,造成人的突发性暂时失明和视力错觉,会瞬间遮住司机的视野,或使其感到头晕目眩,严重危害行人和司机的视觉功能。眼睛受到强烈刺激,极易引起视觉疲劳,导致驾驶员出错,发生意外交通事故。

光污染会给人们的日常生活带来不便。在夏天,经玻璃幕墙反射的光进入附近居民楼房内,增加了室内的温度(上升 4~6℃)和亮度,大大超过了人体所能承受的范围,影响正常的生活。有些玻璃幕墙是半圆形的,反射光汇聚还容易引起火灾。

3. 光污染的防治

造成以上光污染的原因一般有以下两种:第一,亮度过大,超过正常工作、生活所需量。第二,光源分布不合理。防治光污染的总体方略是以防为主,防治结合。在开始规划和建设城市夜景照明时就应该考虑防止光污染的问题,从源头防治光污染,实现建设城市照明、保护夜空的要求。

① 提高光污染防治的意识。光污染产生的根源在于人们缺乏对光污染的深刻认识,应大力宣传夜景照明产生光污染的危害,提高人们防治光污染的意识。对那些正在计划建设城市照明的城市务必在计划时就考虑防治光污染问题,做到未雨绸缪,防患于未然;对已产生光污染的城市,应立即采取措施,把光污染消除在萌芽状态。

② 加强城市规划与管理。根据城市的性质和特征,从宏观上按点、线、面相结合的原则,认真做好整个城市的夜景照明总体规划。设计人员要精心设计,不要任意提高照度,随意增加照明设备。

③ 采取积极的防治措施。一是尽量不用大面积的玻璃幕墙采光,减少污染源。二是多建绿地,扩大绿地面积,实施绿化工程,改平面绿化为立体绿化,大力植树种草,将反射光改为漫反射,从而达到防治光污染的目的。三是限定夜景照明时间,改造已有照明装置。四是采用新型照明技术,采用节能效果好的照明器材。五是灯光照明设计时,合理选择光源、灯具和布灯方案,尽量使用光束发散角小的灯具,并在灯具上采取加遮光罩或隔片的措施,将防治光污染的规定、措施和技术指标落实到工程上,严格限制光污染的产生。

④ 制定光污染防治的法律法规。目前我国还没有专门防治光污染的法律法规,也没有相关部门负责解决灯光扰民的问题。国外一些国家已经有了针对光污染的一些法律条文。欧美一些国家早在 20 世纪 80 年代末就开始限制在建筑物外部装修使用玻璃幕墙。我国也已经对有关玻璃幕墙的建设制定了一些规范。国家标准《玻璃幕墙光学性能》(GB/T 18091—2000)于 2000 年 10 月 1 日起颁布实施。虽然对玻璃幕墙的建设已经制定了一些规范,并且也取得了一定的防治光污染的效果,但大量的其他光污染源仍然没有明确的法律法规来约束。

复习思考题

1. 噪声源的分类及来源有哪些？
2. 噪声的特征有哪些？
3. 噪声污染的危害有哪些？
4. 控制噪声必须考虑的因素是什么？
5. 简述光污染的来源及危害。
6. 对噪声进行控制，可以从哪几方面着手？其中最有效的方法是什么？
7. 电磁辐射污染的危害及其防护措施是什么？
8. 消声与吸声在原理上有什么区别？
9. 简述放射性污染的特点和来源。
10. 放射性污染的危害和处理方法是什么？
11. 你认为在城市发展过程中，应该如何有效地控制噪声污染？
12. 交通噪声是城市噪声，请分析如何解决城市交通发展与交通噪声的矛盾。

阅读材料

噪声的危害

　　噪声被称为"无形的暴力"，是城市污染之一。有人曾做过实验，把一只豚鼠放在173dB(A)的强声环境中，几分钟后就死了，解剖后的豚鼠肺和内脏都有出血现象。1959年，美国有10个人"自愿"做噪声实验。当实验用飞机从10名实验者头上10～12m的高度飞过后，有6人当场死亡，4人数小时后死亡。医生验尸结论是死于噪声引起的脑出血。可见这个"声学武器"的威力之大。

7-1　日本噪声危害事件

　　1961年11月，日本东京某栋12层楼顶有个青年纵身跳下，自杀身亡。经调查，他既不是失业，也不是失恋，而是因为受不了噪声的危害。他家附近整日整夜有机器的轰鸣和怪叫，以及火车的震动和吼叫。一段时间后，他终于狂躁发疯，跳楼身亡。日本的吕川区有母子三人，居住在一家建筑器材厂附近，厂里的机器轰鸣声日夜不停，孩子白天无法读书，夜里无法睡眠。在无可奈何的情况下，母子三人欲一同自杀，幸亏被人发现及时抢救才免于一死。

7-2　韩国噪声污染事件

　　2006年8月韩国首尔金浦机场附近的3万多居民以飞机噪声干扰日常生活为由，向国土海洋部提起集体诉讼，要求赔偿356亿韩元。2009年10月9日韩国首尔南部法院作出判决。法院判决认为，飞机制造的噪声达到了80dB(A)以上，超过了正常可以忍耐的水平，使周边居民在物质上和精神上受到了伤害，但同时考虑到政府部门为减少噪声采取了设置隔声窗等措施，因此判定国土海洋部承担70%的赔偿责任，由国土海洋部向原告支付235亿韩元的赔偿金。

7-3　美国噪声污染事件

　　1981 年，在美国举行的一次现代派露天音乐会上，当震耳欲聋的音乐声响起后，有300多名听众突然失去知觉，昏迷不醒，100 辆救护车到达现场抢救。这就是骇人听闻的噪声污染事件。

参考文献

[1] 陈伟刚，李媛媛. "十二五" 噪声污染如何防治? [J]. 环境经济，2012.4 (100)：39-42.
[2] 魏蔚. 城市噪声污染现状及防治对策 [J]. 科技经济市场，2012，(1)：43-44，47.
[3] 张志宇. 城镇噪声污染现状与防治对策 [J]. 商品与质量，2011，(10)：220.
[4] 谢俊彪. 当代的新污染——光污染 [J]. 干旱环境监测，2004，18 (2)：127-128.
[5] 徐利梅. 低噪音水泥混凝土路面降噪措施研究 [J]. 河北交通科技，2008，5 (4)：22-24.
[6] 谈树成. 地球环境中的放射性污染 [J]. 地球环境科学，2001，20 (3)：7-9，64.
[7] 李玉文. 电磁辐射污染与防护 [J]. 环境科学与管理，2006，31(4)：65-67，88.
[8] 朱重德. 电磁辐射污染与防护 [J]. 上海环境科学，2004，23 (2)：81-86.
[9] 段翠云. 多孔吸声材料的研究现状与展望 [J]. 金属功能材料：2011，18 (1)：60-65.
[10] 石晓亮. 放射性污染的危害及防护措施 [J]. 工业安全与环保，2004.30 (1)：6-9.
[11] 赵应龙. 隔声罩设计 [J]. 海军工程大学学报，2000，92 (3)：66-68.
[12] 张根. 工厂噪声污染的治理措施——以某水泥厂为例 [J]. 硅谷，2011，(2)：103，123.
[13] 王璋保. 工业炉窑的热污染不可忽视 [J]. 工业加热，1999，(2)：9-12.
[14] 李英. 公路交通噪声的防治措施探讨 [J]. 四川环境，2012，31 (5)：140-142.
[15] 徐晓星. 关于光污染概念问题的探讨 [J]. 光源与照明，2005，(3)：23-24.
[16] 刘旭东. 光污染的危害及防治措施 [J]. 中国环境管理干部学院学报，2006，16 (4)：60-62.
[17] 王亚军. 光污染及其防治 [J]. 安全与环境学报，2004，4 (1)：56-58.
[18] 吴文广. 环境放射性污染的危害与防治 [J]. 广东化工，2010，37 (7)：194-195.
[19] 曾锦文. 环境噪声监测中存在的问题及质量控制措施 [J]. 科学之友，2012，(4)：64-65.
[20] 刘美玲. 环境噪声污染的危害与防控 [J]. 科技资讯，2011，(15)：158.
[21] 张立科. 环境噪声污染的危害与控制对策研究 [J]. 许昌学院学报，2011，30 (2)：99-101.
[22] 李玉春. 建筑噪声污染现状及治理措施 [J]. 科技创业家，2013，(4)：204.
[23] 刘聪祥. 论≪环境噪声污染法≫的修改 [J]. 现代商贸工业，2012，(4)：217-218.
[24] 魏明. 浅谈光污染与人类健康 [J]. 灯与照明，2004，28 (2)：54-56.
[25] 李维. 浅谈热污染的主要危害及其防治对策 [J]. 青海环境，2006，(4)：177-178.
[26] 孔彩英. 浅析高速公路噪声污染防治措施 [J]. 上海公路，2012，(2)：99-102.
[27] 刘绍武. 浅析噪声污染及其防治 [J]. 农业与技术，2012，32 (2)：146.
[28] 孟祥坤. 浅析噪声污染问题及其防治对策 [J]. 内蒙古石油化工，2011，(1)：83-84.
[29] 张淑琴. 浅议光污染的危害与防护 [J]. 内蒙古环境科学，2008，20 (1)：100-102.
[30] 王新兰. 热污染的危害及管理建议 [J]. 环境保护科学，2006，(6)：69-71.
[31] 王亚军. 热污染及其防治 [J]. 安全与环境学报，2004，4 (3)：85-87.
[32] 胡长敏. 温州市区交通噪声污染及控制对策 [J]. 北方环境，2012，24 (2)：128-129，166.
[33] 邹飞. 我国城市噪声污染及其噪声防控对策探讨 [J]. 北方环境，2011，23 (1-2)：150，163.
[34] 高玲. 吸声材料的研究与应用 [J]. 化工时刊，2007，21 (2)：63-65，69.
[35] 徐传友. 吸声材料研究的进展 [J]. 砖瓦，2008，(9)：11-14.
[36] 顾建. 新型阻尼材料的研究进展 [J]. 材料导报，2006，(12)：53-56，61.
[37] 朱蓓薇. 噪声对动物生理机能的影响 [J]. 环境保护，2000，(10)：43-45.
[38] 朱从云. 噪声控制研究进展与展望 [J]. 噪声与振动控制，2007，(6)：1-8，19.
[39] 张弛. 噪声控制中的隔声罩设计 [J]. 噪声与振动控制，1999，(2)：46-47.
[40] 赵鹏涛. 噪声污染的危害及防治措施 [J]. 大众科技，2011，(10)：109-111.
[41] 郑细妹. 中国城市噪声污染及其防治 [J]. 能源与节能，2011，(9)：31-32.
[42] 张友南. 阻尼材料的研究与应用 [J]. 噪声与振动控制，2006，(2)：38-41.

第八章 环境监测与评价

【内容提要】 本章主要讲解环境监测的目的、分类及作用，环境监测污染物分析方法简介，环境质量评价和环境影响评价。

【重点要求】 要求了解环境质量评价的概念、分类和环境质量现状评价，重点掌握环境影响评价的分类及其内容。

第一节 环境监测

一、环境监测的目的、分类及作用

环境监测（environmental monitoring）指通过对影响环境质量因素代表值的测定，确定环境质量（或污染程度）及其变化趋势。环境监测的过程一般分为接受任务，现场调查和收集资料，监测计划设计，优化布点，样品采集，样品运输和保存，样品的预处理，分析测试，数据处理，综合评定等。环境监测的对象包括反映环境质量变化的各种因素、对人类活动与环境有影响的各种人为因素、对环境造成污染的各种污染组成。

1. 环境监测的目的

准确、及时、全面地反映环境质量现状及发展趋势，为环境管理、污染源控制、环境规划等提供科学依据。

2. 环境监测的分类

（1）按监测介质分类 分为大气污染监测、水质污染监测、土壤和固体废物监测、生物污染监测、生态监测、物理性污染监测等。

（2）按监测目的分类 分为监视性监测和特定目的的监测。监视性监测包括对污染源的监督监测（污染物浓度、排放总量、污染趋势等）和环境质量监测（对所在地区的空气、水质、噪声、固体废物等监督监测）；特定目的的监测包括污染事故监测（应急监测）、纠纷仲裁监测、考核验证监测、咨询服务监测、研究性监测（科研监测）。

3. 环境监测的作用

通过环境监测，积累大量监测数据，查出各种污染源，确定各种污染源的分布和变化规律，通过模拟研究对环境污染趋势作出预测，对环境质量作出准确评价，确定控制污染的对策。同时，通过环境监测数据可指定或修改各种环境标准，亦可以作为执行环保法规的技术仲裁。

二、环境监测中的污染物分析方法简介

常用的环境分析方法可以分为化学分析法、光谱分析法、色谱分析法、电化学分析法、生物监测法五类。

1. 化学分析法

化学分析法分为重量分析法、容量分析法。重量分析法用于测定悬浮物、残渣、降尘、

石油类、硫酸盐等；容量分析法用于测定酸度、碱度、COD、BOD_5、溶解氧、氨氮、挥发酚、硫化物、氰化物等。

2. 光谱分析法

光谱分析法分为分光光度法、紫外分光光度法、红外分光光度法、原子吸收光谱法、分子吸收光谱法、原子发射光谱法、X射线荧光分析法、荧光分析法。

（1）分光光度法　用于测定金属元素、无机非金属、苯胺类、硝基苯类、氨氮、挥发酚、浊度、阴离子表面活性剂等。

（2）原子吸收和分子吸收光谱法　用于测定金属元素和硒、砷、S^{2-}、NO_3^-、NO_2^-、氨氮、凯氏氮、总氮等。

（3）原子发射光谱法　主要用于测定金属元素、砷等。

3. 色谱分析法

色谱分析法分为气相色谱法、高效液相色谱法、薄层色谱法、离子色谱法、色谱-质谱联用技术。

（1）气相色谱及气相色谱-质谱联用法　用于测定挥发性有机污染物（苯系物、卤代烃等）、氯代苯、多氯联苯、硝基苯、有机氯农药、邻苯二甲酸酯类等。

（2）高效液相色谱及液相色谱-质谱联用法　用于测定多环芳烃、氨基甲酸酯类农药、阿特拉津等除草剂、酚类、苯胺类等。

（3）离子色谱法　用于测定常见阴离子（F^-、Cl^-、I^-、NO_3^-、NO_2^-、PO_4^{3-}、SO_4^{2-}等）、有机酸、常见阳离子（Ca^{2+}、Mg^{2+}等）等。

4. 电化学分析法

电化学分析法分为极谱分析法、电导分析法、电位分析法、离子选择电极法、库仑分析法等，主要用于测定电导率、pH、DO、酸度、碱度、SO_2、NO_x、F^-、Cl^-、Pb、Ni、Cu、Cd、Mo、Zn、V等。

5. 生物监测法

利用植物在被污染环境中所产生的各种反应信息来判断环境质量的生物监测方法，是一种最直接也是一种综合的方法。生物监测包括利用生物体内污染物含量的测定、观察生物在环境中受伤害症状、观察生物的生理生化反应、观察生物群落结构和种类变化等手段来判断环境质量。例如，利用某些对特定污染物敏感的植物或动物（指示生物）在环境中受伤害的症状，可以对空气或水的污染作出定性和定量的判断。

三、环境监测的质量控制

收集具有代表性和准确性的监测数据决定了环境管理、环境研究、环境治理以及环保执法等各方面的决策的准确性，是环境质量控制的关键。因此，必须对环境监测进行质量控制，以保证得到正确、准确的数据。

环境质量控制包括：采样，样品预处理、贮存、运输、实验室供应，仪器设备、器皿的选择和校准，试剂、溶剂和基准物质的选用，统一测量方法，质量控制程序，数据的记录和整理，各类人员的要求和技术培训，实验室的清洁度和安全，编写有关的文件、指南和手册等。

1. 制定合理的监测计划

根据监测的目的和国家统一的标准分析方法，确定对监测数据的质量要求和相应的分析测量系统。

2. 建立具有良好素质的监测队伍

加强监测人员的素质教育，建设具有科学作风和良好的职业道德的监测队伍。

3. 实施质量控制

(1) 采样的质量控制　审查采样点的设置和采样时段的选择的合理性和代表性；确保采样器、流速和定时器的运转正常；使用有效的吸收剂；按采样要求确定采样器放置的位置和高度；确定采样管和滤膜的正确使用。

(2) 样品的运输和贮存的质量　保证在样品的运送和贮存过程中，确保样品不被污染、损失、变质。样品若不能立即实验分析，应贮存在冰箱里，为了防止样品变化，样品贮存时，根据样品的检测项目适当加些保护剂。

(3) 实验室的分析质量控制　实验室质量控制是测定体系中的重要部分，其分为实验室内部质量控制和实验室间质量控制，目的是保证测量结果有一定的精密度和准确度。室内控制工作包括空白实验、标准曲线核查、仪器设备的定期标定、平行样分析、加标样分析、回收率实验、密码样分析、编制质量控制图等。室间控制工作包括分析标准样品以进行实验室间的评价、分析测量系统的现场评价。

连续自动监测系统的质量保证工作：一是保证整个系统的完好；二是定期对系统进行校准。

(4) 报告数据的质量控制　报告数据必须保证其有效性。对采样分析测试、分析结果的计算等环节的数据进行逐一核实，确认无误后上报。测定中出现极值在没有充分理由说明错误所在的情况下，不能随意舍去。但由于采样人员或分析测试人员的差错、样品损伤或破坏等原因造成的错误数据以及超出分析方法灵敏度以外的数据必须去除。

第二节　环境质量评价

一、环境质量评价的概念及类型

1. 环境质量评价的概念

环境质量评价（environmental quality assessment）是指从环境卫生学角度按照一定的评价标准和方法对一定区域范围内的环境质量进行客观的定性和定量调查分析、预测和评估。环境质量评价实质上是对环境质量优与劣的评定过程，该过程包括环境评价因子的确定、环境监测、评价标准、评价方法、环境识别。环境质量评价的目的是掌握和比较环境质量状况及其变化趋势；寻找污染治理重点；为环境综合治理、城市规划及环境规划提供科学依据；研究环境质量与人群健康的关系；预测评价拟建的项目对环境可能产生的影响。

2. 环境质量评价的类型

环境质量评价分为回顾评价、现状评价及影响评价。

(1) 环境质量回顾评价　环境质量回顾评价（environmental quality backword assessment）是对已经建成的工程产生的环境影响进行评价，以便了解工程兴建后实际的环境变化情况、环境影响的范围和深度，针对实际出现的不利影响，提出改善措施，保护环境质量，并为今后新建工程的环境影响评价提供参考依据；或对指定区域内过去一定历史时期的环境质量，根据历史资料进行回顾性的评价。通过对环境背景的社会特征、自然特征及污染源的调查，分析了解环境质量演变过程，揭示区域环境污染的发展变化过程。环境质量回顾评价需要历史资料的积累，一般多在科研工作基础较好的大中城市进行。

（2）环境质量现状评价　环境质量现状评价（assessment for ambient environmental quality）是对在建工程或已建工程的现状进行环境质量评价，以便了解目前工程的环境状况，针对不利影响提出措施，保证和提高环境质量；或是根据指定区域近期环境监测资料进行污染现状的评价，通过现状评价，可以阐明环境的污染现状，为区域环境污染综合防治、区域规划提供科学依据。环境质量现状评价是我国各地普遍开展的评价形式。

（3）环境质量影响评价　环境质量影响评价（environmental impact assessment，EIA）简称环境评价，是指对预建工程可能对环境造成的影响，或某地区或建设项目周围将来的环境质量变化情况进行预测并作出评价，对不利影响提出减负或改善措施，为决策部门提供科学的参考依据。我国环保法明确规定，新建、改建、扩建的大中型项目在建设之前必须进行环境影响评价，并编制环境影响评价报告文件。新建项目的环境影响评价是环境质量影响评价的主体，是根据污染源、环境要素、污染物浓度的变化特征及其相关性，推断污染物分布的可能变化，预测未来环境质量的变化趋势，并对建设项目的污染防治提出建议。

二、环境质量现状评价

1. 环境质量现状评价

环境质量现状评价就是对评价区域以及周围地区的污染物及相关资料进行现场考察、污染物监测和污染源调查，阐明环境质量现状。确定拟建项目所在的环境质量本底值，为开展环境影响预测评价等工作提供基础资料。

2. 环境质量现状评价的方法

环境质量现状的评价方法主要有调查法、监测法和综合分析法等。

（1）调查法　对评价地区内的污染源（包括排放的污染物种类、排放量和排放规律）、自然环境特征进行实地考察，取得定性和定量的资料，以评价区域的环境背景值作为标准来衡量环境的污染程度。

（2）监测法　按评价区域的环境特征布点采样，进行分析测定，取得环境污染现状的数据，根据环境质量标准或背景值说明环境质量变化的情况。

（3）综合分析法　是环境现状评价的主要方法，根据评价目的、环境结构功能的特点和污染源评价的结论，并依据环境质量标准，参考污染物之间的协同作用和拮抗作用以及背景值和评价的特殊要求等因素来确定评价标准，说明环境质量变化状况。

三、环境质量现状综合评价

环境质量现状综合评价的目的是为环境规划、环境管理提供依据，同时也是为了比较不同区域受污染的程度。由此可见，环境质量评价具有明显的区域性目标。为了描绘区域环境质量的总体状况，需要对区域环境质量进行综合评价，其综合性特征表现在：必须综合认识自然环境的承载能力与人为活动的环境影响之间的关系；必须综合了解不同环境单元构成的区域环境质量的总体状况；必须综合表达气、水、土等多种环境要素组成的全环境特征；必须综合判断不同时间尺度内环境质量的变化趋势。环境质量的综合评价实质是不同时间尺度、不同空间尺度、不同科学领域、不同研究内容的综合。因此，环境质量指数的原理和方法在环境质量综合评价中具有特殊的应用价值。

在区域环境质量的综合评价中应注意环境现状与经济社会的综合、生态稳定性与脆弱性的关系和环境物质的地球化学平衡，从而满足区域环境质量综合评价的基本目标，即为控制污染、环境管理和国土整治提供科学依据，为工业布局、环境规划和经济开发提供优化方案。

第三节　环境影响评价

一、环境影响评价的分类

依据被评价的开发建设活动的规模和情况可以划分为四类。

1. 单个建设项目的环境影响评价

针对某一建设项目的性质、规模和所在地区的自然环境、社会环境，通过调查分析和预测找出其对环境影响的程度和规律，并在此基础上提出对环境保护措施的建议与要求。

2. 多个建设项目环境影响联合评价

在同一地区或同一评价区域内进行两个以上建设项目的整体评价称为多个建设项目环境影响联合评价。这种评价在任务和方法上与单个建设项目的影响评价相同，其所得预测结果能比较确切地反映出各个单个建设项目对环境的叠加影响，提出的防治对策也更具有实用价值。

3. 区域开发项目的环境影响评价

某一地区的整体开发建设的布局和规划要能做到较完善和合理，必须对整个区域进行环境影响的整体评价。通过对该区域自然环境和社会环境的调查和分析，对未来建设项目的结构和布局作出合理的整体优化方案，促进该区域社会经济和环境的协调发展。

4. 战略及宏观活动的环境影响评价

对于国家的宏观政策、计划、立法等高层次活动对环境产生的影响进行预测。它的评价对象是一项政策或一个规划所造成的影响，它的范围是全国而不是某个项目或地区。因此宏观活动环境影响评价的方法也与前面几种评价不同，它更多地采用各种定性和半定量的预测方法及各种综合判断方法，对宏观活动进行环境影响评价，可以为高层次的开发建设规划决策服务，因此它对全国的环境保护工作具有重要的战略意义。

虽然这四种类型的环境影响评价在对象、内容和方法上各有不相同，但它们之间有着密切的联系。面对各种不同的建设项目，需要进行的环境影响评价的等级和深度有所不同。一类是必须编制环境影响报告书的项目，另一类是不需要编制环境影响报告书的项目，可以填写环境影响报告表。对于前一类，又根据工程特征、环境特征把环境影响评级分为三个工作等级。一级评价内容要求最详细，二级次之，三级最简单。

二、环境影响评价的内容

1. 评价对象

环境影响评价主要是针对大型的工业基本建设项目，大中型水利工程、矿山、港口和铁路交通等建设，大面积开垦荒地、围湖围海的建设项目，对珍贵稀有野生动植物的生存和发展产生严重影响或对各种生态型自然保护区、科学考察等产生严重影响的建设项目等。

2. 评价内容

（1）建设项目概况　工程的地理位置、规模、资源利用情况和项目情况，如产品产量、工艺流程、原料、能源、污染物性质及发展规划等。

（2）建设项目周围地区的环境状况　项目所在地区的自然环境和社会环境以及周围的大气、土壤、水体的环境质量状况。

（3）建设项目对周围地区环境的影响　建立评价模型，对未来环境影响进行定性的、半定量的或定量的分析和评价，这是环境影响评价的核心。建设项目特别是一些大型项目往往具有长期性和永久性的特点，一旦建成就很难改变。因此，只有对建设项目的长期环境影响有适当的评价，才可能有正确的决策。

（4）建设项目环境保护可行性技术经济论证意见　提出保持环境质量应采取的措施，做到既保护环境，又发展生产，把环境保护与生存发展统一。

三、环境影响评价的程序和方法

1. 环境影响评价的程序

（1）环境影响评价的时间阶段　环境影响评价可以分为三个阶段。

第一个阶段为准备阶段，主要工作是研究有关文件，进行初步的工程分析和环境现状调查，筛选重点评价项目，确定各单项环境影响评价的工作等级，编制评价大纲。

第二阶段为正式工作阶段，其主要工作是工程分析和环境现状调查，并进行环境预测和评价环境影响。

第三阶段为报告书编制阶段，其主要工作是汇总、分析第二个阶段所得到的各种资料、数据，得出结论，完成环境影响报告书的编制。

（2）环境影响评价的工作步骤　环境影响报告书应着重回答建设项目的选址正确与否以及所采取的环保措施是否能满足要求。在正式工作阶段，应按如下步骤进行。

（1）工程分析　拟建项目的工程分析是环境影响评价的重要组成部分，应将工程项目分解成如下环节进行分析。

① 工艺过程　通过工艺过程分析，了解各种污染物的排放源和排放强度，了解废物的治理回收和利用措施等。

② 原材料的储运　通过对建设项目资源、能源、废物等的装卸、储运及预处理等环节的分析，掌握这些环节的环境影响情况。

③ 厂址（场地）的开发　通过了解拟建项目对土地利用现状和土地利用形式的转变，分析项目用地开发利用带来的环境影响。

④ 其他情况　主要指判断故事与泄漏等发生的可能性及发生的频率。

（2）环境影响识别　对建设工程的可能性环境影响进行识别，列出环境影响识别表，逐项分析各种工程活动对各种环境要素诸如大气环境、水环境、土壤环境及生态环境的影响，择其重点深入进行评价。

（3）环境影响预测

① 大气环境影响预测　首先应调查收集建设项目所在地区内的各种污染源、大气污染物排放状况，然后对建设项目的大气污染排放作初步估算，包括排放量、排放强度、排放方式、排放高度及在事故情况下的最大排放量。

大气环境影响评价范围主要根据建设项目的性质及规模确定。评价范围的边长一般有几千米到几十千米。大气质量监测布点可按网格、扇形、同心圆多方位及功能分区布点法进行。

② 水环境影响预测　首先调查收集建设项目所在地区污染源向水环境的排污状况，然后对建设项目的水环境污染物作出估算，包括排放量、排放方式、排放强度和事故排放量等。

为全面反映评价区内的环境影响，水环境的预测范围等于或略小于现状调查的范围；预测的阶段应分建设阶段、生产运营阶段、服务期满后三个阶段；预测的时段应按冬、夏两季或丰、枯水期进行预测。

　　为完成以上环境评价工作内容，其工作程序安排如下：凡新建或扩建过程，首先由建设单位向环保部门提出申请，经审查确定应该进行何种等级的环境影响评价，确定等级后，由建设单位委托有关单位承担，该受托单位必须是由国家环保部确认的具有从事环境影响评价证书的单位。我国环境保护部颁发的环境评价证书分甲级和乙级两个等级，建设单位应根据具体情况选择不同级别的单位。

　　2. 环境影响评价方法

　　对调查收集的数据和信息进行研究和鉴别的过程，以实现量化或直观地描述评价结果为目的。环境影响评价方法主要有列表清单法、矩阵法、网络法、图形叠置法、质量指标法（综合指数法）、环境预测模拟模型法等。

　　（1）列表清单法　　多用于环境影响评价准备阶段，以筛选和确定必须考虑的影响因素，具体办法是将拟建工程项目或开发活动与可能受其影响的环境因子分别列于同一张表格中，然后用不同符号或数字表示对各环境因子的影响情况，其中包括有利影响与不利影响，直观地反映项目对环境的影响。此法也可以用来作为几种方案的对比，这种方法使用方便，但不能对环境影响评价程序作出定量评价。

　　（2）矩阵法　　矩阵法是开发项目各方案与受影响的环境要素特性或事件集中于一个非常容易观察和理解的形式——矩阵之中，使其建立起直接的因果关系，以说明哪些行为可以影响到哪些环境特性以及影响程度的大小。矩阵法有相关矩阵法、迭代矩阵法和表格矩阵法等。

　　（3）网络法　　网络法是以树枝形状表示出建设项目或开发活动所产生的原发性影响和诱发性影响的全貌。用这种方法可以识别出方案行为可能会通过什么途径对环境造成影响及其相互之间的主次关系。

　　（4）图形叠置法　　这种方法是将若干张透明的标有环境特征的图叠置在同一张底图上，构成一份复合图，用以表示出被影响的环境特性及影响范围的大小。该方法首先做底图，在图上标出开发项目的位置及可能受到影响的区域，然后对每一种环境特性作评价，每评价一种特性就要进行一次覆盖透视，影响程度用黑白相间的颜色符号做成不同的明暗强度表示。将各不同的代号透明图重叠在底图上就可以得到工程的总影响图。

　　（5）质量指标法　　质量指标法是环境质量评价综合指数法的扩展形式。它的特点是采用函数变换的方法，把环境参数转换为某种环境质量等级值，然后将等级值与权重值相乘得到环境影响值，根据环境影响值即可对各种行为的影响进行评价。

　　（6）环境预测模拟模型法　　环境预测模拟模型法又称环境影响预测法，其做法是在可能发生的重大环境影响之后，预测环境的变化量、空间的变化范围、时间的变化阶段等。在物理、化学、生物、社会、经济等复杂关系中，作出定量或定性的探索性描述。在环境影响评价中用到的模拟模型有污染分析模型、生态系统模型、环境影响综合评价模型和动态系统模型等。

　　3. 环境影响报告书的编制

　　环境影响报告书是环境影响评价工作的全面总结。根据国家《环境影响评价技术导则》的规定，环境影响报告书应按下列内容进行编制。

　　（1）总则

　　① 总结评价项目的特点，阐述编制目的。

　　② 编制依据，包括项目建议书、评价大纲及其审查意见、评价委托书、建设项目可行

性研究报告等。

③ 采用标准。

④ 控制污染与保护环境的目标。

（2）建设项目的概况

① 建设项目的名称、地点及建设性质。

② 建设规模、占地面积及厂区平面布置。

③ 土地利用情况和发展规划。

④ 产品方案和主要工艺方法。

⑤ 职工人数和生活区布局。

（3）工程分析

① 主要原料、燃料及其来源、储运和物料平衡，水的用量与平衡，水的回用情况。

② 工艺过程。

③ 排放的废水、废气、废渣、颗粒物、放射性废物等的种类、排放量和排放方式；污染物的种类、性质及排放浓度；噪声、振动的特性等。

④ 废弃物的回收利用、综合利用和处理、处置方案。

（4）建设项目周围地区环境现状

① 地理位置。

② 自然环境，包括气象、气候及水文情况（河流、湖泊、水库及海湾）；地质、地貌状况；土壤、植被（自然及人工）及珍稀野生动植物状况；大气、地面水、地下水及土壤环境质量状况。

③ 社会环境，包括建设项目周围现有工矿企业和生活居住区的分布情况、农业概况及交通运输状况；人口密度、人群健康及地方病情况。

（5）环境影响预测

① 预测范围。

② 预测时段。

③ 预测内容及预测方法。

④ 预测结果及其分析说明。

（6）评价建设项目的环境影响

① 建设项目环境影响的特征。

② 建设项目环境影响的范围、程度和性质。

（7）环境保护措施的评价及环境经济论证提出各项措施的投资估算

（8）建设项目对环境影响经济损益分析

（9）环境监测制度及环境管理、环境规划的建议

（10）环境影响评价结论

复习思考题

1. 我国现行的主要的环境管理制度有哪些？

2. 我国《环境保护法》由哪些部分组成？

3. 环境监测的特点有哪些？

4. 环境现状评价在评价进程中分哪几个阶段？

5. 环境影响评价包括哪几个阶段？

6. 论述环境质量评价与环境监测的关系。

7. 环境质量评价有哪几种？各有什么特点？

8. 环境现状评价包括哪几个阶段？

9. 环境影响评价包括哪几个阶段？

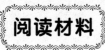 阅读材料

8-1　环境影响评价：从源头避免污染行业发展

　　经济的发展，在取得巨大发展成绩的同时，也造成了一定的环境污染和生态破坏。资料表明，目前我国自然环境遭到破坏的程度严重，主要表现为严重的土地荒漠化、草地退化、水土流失和近海污染等。造成这种状况的主要原因是盲目经济活动尤其是粗放型的经济增长方式对自然的影响和破坏。20 世纪 50 年代的大跃进、大炼钢铁、毁林毁草开垦、围湖造田、进军北大荒等一系列政策，客观上导致了大面积破坏性的生态后果。快速发展起来的造纸、电镀、皮革、印染、焦化等行业，带来了十分严重的环境污染问题。

8-2　环境与资源保护正转向可持续利用

　　为了防止在经济发展中造成重大生态环境损失和破坏，20 世纪 90 年代以后，我国的环境和资源保护步入了快速的立法发展时期。从 1993～2002 年，制定、修改并正式实施的环境与资源法律有 22 部。从 1998 年修改《土地管理法》、《森林法》，到 2000 年修改《大气污染防治法》，2002 年通过《清洁生产促进法》和《环境影响评价法》，这些环境与资源保护的立法行动，清晰地展示了我国环境与资源保护正转向环境与资源的可持续利用，并最终朝着构筑可持续发展法律体系的方向迈进。

　　国务院 2001 年批复的《国家环境保护"十五"规划》中，明确要求"探索开展对重大经济和技术政策、发展规划以及重大经济和流域开发计划的环境影响评价，使综合决策作到规范化、制度化"。为了从决策的源头防止环境污染和生态破坏，必须要从项目评价进入到战略评价，《环境影响评价法》是我国到目前为止环境保护最重要的制度建设之一。

　　我国通过的《环境影响评价法》，把国民经济的主要规划纳入了环境影响评价范围。评价制度要求改变政府拟定规划的常规方式和程序，确立起更加公开和民主的决策方式和程序，要求逐步形成和发展一套不同于建设项目环境影响评价的方法和新技术，以便有能力对规划实施后所带来的大空间范围、大时间尺度、多种行为交叉和累积的环境影响作出令人信服的评价，推动各项事业朝着可持续发展的方向发展。

参考文献

[1] 叶文虎，栾胜基. 环境质量评价学 [M]. 北京：高等教育出版社，1994.

[2] 马倩如，程声通. 环境质量评价 [M]. 北京：中国环境出版社，1990.

[3] 王华东，薛纪瑜. 环境质量评价 [M]. 北京：中国环境出版社，1989.

[4] 奚旦立等. 环境监测 [M]. 第 3 版. 北京：高等教育出版社，2004.

[5] 陆书玉. 环境影响评价 [M]. 北京：高等教育出版社，2001.

第九章 环境标准、法规及环境管理

【内容提要】 本章主要介绍了环境质量标准、环境法规及环境管理体系的有关概念。重点介绍了制定环境质量标准的原则，具体的方法；环境法规的特点，制定环境法的目的和作用，以及环境管理的基本职能。

【重点要求】 了解环境质量标准、环境法规及环境管理的有关基本知识；掌握制定环境质量标准的原则，环境法规的特点，制定环境法的目的、作用以及环境管理的基本职能。

目前，各种类型的组织都越来越重视通过依照环境方针和目标控制其活动、产品或服务对环境的影响，以实现并证实良好的环境表现（行为）。这是由于有关的立法更趋严格，促进环境保护的经济政策和其他措施都在陆续出台，相关方对环境问题包括可持续发展的关注也在普遍增长。

许多组织已经推行了环境"评审"或"审核"，以评定自身的环境表现（行为）。但仅靠这种"评审"和"审核"本身，可能还不足以为一个组织提供保证，使之确信自己的环境表现（行为）不仅现在满足，并将持续满足法律与方针要求。要使评审或审核行之有效，须在一个结构化的管理体系内予以实施，并将其纳入全部管理活动的整体。

第一节 环境标准的种类和作用

一、环境质量标准

环境质量标准是基于环境基准，结合社会经济、技术能力制定的控制环境中各类污染物质浓度水平的限值。根据环境要素的不同，有大气环境质量标准、水环境质量标准和土壤环境质量标准等。而环境标志亦称绿色标志、生态标志，是指由政府部门或公共、私人团体依据一定的环境标准向有关厂家颁布证书，证明其产品的生产使用及处置过程全部符合环保要求，对环境无害或危害极少，同时有利于资源的再生和回收利用。

1. 大气环境质量标准

美国、瑞典、日本、德国等很多国家，先后建立了各自的环境质量标准。在空气方面，美国 1970 年颁布的空气质量标准，对常见的飘尘、二氧化硫、氮氧化物、碳氢化物、一氧化碳及臭氧六种污染物，都有第一标准和第二标准两种规定。第一标准是为保护公共卫生，第二标准是为保护公共福利，包括防止对土壤、水体、农作物、牧畜、商品、运输，以及对个人的财产、舒适和安宁可能产生的不利影响。1996 年 10 月 1 日起，我国根据《中华人民共和国环境保护法》和《中华人民共和国大气污染防治法》，为改善环境空气质量，防止生态破坏，创造清洁适宜的环境，保护人体健康制订了《环境空气质量标准》。最新的环境空气质量标准见第三章。

2. 水环境质量标准

为贯彻《中华人民共和国环境保护法》和《中华人民共和国水污染防治法》，防治水污染，保护地表水水质，保障人体健康，维护良好的生态系统，我国于 2002 年发布实施了地表水环境质量标准（GB 3838—2002）。依据地表水水域环境功能和保护目标，按功能高低依次划分为五类。

Ⅰ类　主要适用于源头水、国家自然保护区；

Ⅱ类　主要适用于集中式生活饮用水地表水源地一级保护区、珍稀水生生物栖息地、鱼虾类产卵场、仔稚幼鱼的索饵场等；

Ⅲ类　主要适用于集中式生活饮用水地表水源地二级保护区、鱼虾类越冬场、洄游通道、水产养殖区等渔业水域及游泳区；

Ⅳ类　主要适用于一般工业用水区及人体非直接接触的娱乐用水区；

Ⅴ类　主要适用于农业用水区及一般景观要求水域。

对应地表水上述五类水域功能，将地表水环境质量标准基本项目标准值分为五类，不同功能类别分别执行相应类别的标准值，具体标准见表 9-1。

表 9-1　地表水环境质量标准基本项目标准限值　　　　　　　　单位：mg/L

序号	项目 标准值 分类		Ⅰ类	Ⅱ类	Ⅲ类	Ⅳ类	Ⅴ类
1	水温/℃		人为造成的环境水温变化应限制在：周平均最大温升≤1 周平均最大温降≤2				
2	pH 值(无量纲)		6～9				
3	溶解氧	≥	饱和率90% (或7.5)	6	5	3	2
4	高锰酸盐指数	≤	2	4	6	10	15
5	化学需氧量(COD)	≤	15	15	20	30	40
6	五日生化需氧量(BOD$_5$)	≤	3	3	4	6	10
7	氨氮(NH$_3$-N)	≤	0.15	0.5	1.0	1.5	2.0
8	总磷(以 P 计)	≤	0.02 (湖、库 0.01)	0.1 (湖、库 0.025)	0.2 (湖、库 0.05)	0.3 (湖、库 0.1)	0.4 (湖、库 0.2)
9	总氮(湖、库,以 N 计)	≤	0.2	0.5	1.0	1.5	2.0
10	铜	≤	0.01	1.0	1.0	1.0	1.0
11	锌	≤	0.05	1.0	1.0	2.0	2.0
12	氟化物(以 F$^-$ 计)	≤	1.0	1.0	1.0	1.5	1.5
13	硒	≤	0.01	0.01	0.01	0.02	0.02
14	砷	≤	0.05	0.05	0.05	0.1	0.1
15	汞	≤	0.00005	0.00005	0.0001	0.001	0.001
16	镉	≤	0.001	0.005	0.005	0.005	0.01
17	铬(六价)	≤	0.01	0.05	0.05	0.05	0.1
18	铅	≤	0.01	0.01	0.05	0.05	0.1
19	氰化物	≤	0.005	0.05	0.02	0.2	0.2
20	挥发酚	≤	0.002	0.002	0.005	0.01	0.1
21	石油类	≤	0.05	0.05	0.05	0.5	1.0
22	阴离子表面活性剂	≤	0.2	0.2	0.2	0.3	0.3
23	硫化物	≤	0.05	0.1	0.2	0.5	1.0
24	粪大肠菌群/(个/L)	≤	200	2000	10000	20000	40000

为保护和合理开发地下水资源，防止和控制地下水污染，保障人民身体健康，促进经济建设，我国于 1994 年发布实施了《地下水环境质量标准》（GB/T 14848—93）。本标准是地

下水勘查评价、开发利用和监督管理的依据。依据我国地下水水质现状、人体健康基准值及地下水质量保护目标，并参照了生活饮用水、工业、农业用水水质最高要求，将地下水质量划分为五类。

　　Ⅰ类　主要反映地下水化学组分的天然低背景含量。适用于各种用途。

　　Ⅱ类　主要反映地下水化学组分的天然背景含量。适用于各种用途。

　　Ⅲ类　以人体健康基准值为依据。主要适用于集中式生活饮用水水源及工、农业用水。

　　Ⅳ类　以农业和工业用水要求为依据。除适用于农业和部分工业用水外，适当处理后可作生活饮用水。

　　Ⅴ类　不宜饮用，其他用水可根据使用目的选用。

　　对应地下水上述五类水域功能，将地下水环境质量标准基本项目标准值分为五类，不同功能类别分别执行相应类别的标准值，具体标准见表9-2。

表 9-2　地下水质量标准基本项目标准限值

序号	类别 标准值 项目	Ⅰ类	Ⅱ类	Ⅲ类	Ⅳ类	Ⅴ类
1	色/度	≤5	≤5	≤15	≤25	>25
2	嗅和味	无	无	无	无	无
3	浑浊度/度	≤3	≤3	≤3	≤10	>10
4	肉眼可见物	无	无	无	无	无
5	pH		6.5～8.5		5.5～6.5 8.5～9	<5.5, >9
6	总硬度(以 $CaCO_3$ 计)/(mg/L)	≤150	≤300	≤450	≤550	>550
7	溶解性总固体/(mg/L)	≤300	≤500	≤1000	≤2000	>2000
8	硫酸盐/(mg/L)	≤50	≤150	≤250	≤350	>350
9	氯化物/(mg/L)	≤50	≤150	≤250	≤350	>350
10	铁(Fe)/(mg/L)	≤0.1	≤0.2	≤0.3	≤1.5	>1.5
11	锰(Me)/(mg/L)	≤0.05	≤0.05	≤0.1	≤1.0	>1.0
12	铜(Cu)/(mg/L)	≤0.01	≤0.05	≤1.0	≤1.5	>1.5
13	锌(Zn)/(mg/L)	≤0.05	≤0.5	≤1.0	≤5.0	>5.0
14	钼(Mo)/(mg/L)	≤0.001	≤0.01	≤0.1	≤0.5	>0.5
15	钴(Co)/(mg/L)	≤0.005	≤0.05	≤0.05	≤1.0	>1.0
16	挥发性酚类(以苯酚计)/(mg/L)	≤0.001	≤0.001	≤0.002	≤0.01	>0.01
17	阴离子合成洗涤剂/(mg/L)	不得检出	≤0.1	≤0.3	≤0.3	>0.3
18	高锰酸盐指数/(mg/L)	≤1.0	≤2.0	≤3.0	≤10	>10
19	硝酸盐(以 N 计)/(mg/L)	≤2.0	≤5.0	≤20	≤30	>30
20	亚硝酸盐(以 N 计)/(mg/L)	≤0.001	≤0.01	≤0.02	≤0.1	>0.1
21	氨氮(NH_4^+)/(mg/L)	≤0.02	≤0.02	≤0.2	≤0.5	>0.5
22	氟化物/(mg/L)	≤1.0	≤1.0	≤1.0	≤2.0	>2.0
23	碘化物/(mg/L)	≤0.1	≤0.1	≤0.2	≤1.0	>1.0
24	氰化物/(mg/L)	≤0.001	≤0.01	≤0.05	≤0.1	>0.1
25	汞(Hg)/(mg/L)	≤0.00005	≤0.0005	≤0.001	≤0.001	>0.001
26	砷(As)/(mg/L)	≤0.005	≤0.01	≤0.05	≤0.05	>0.05
27	硒(Se)/(mg/L)	≤0.01	≤0.01	≤0.01	≤0.1	>0.1
28	镉(Cd)/(mg/L)	≤0.0001	≤0.001	≤0.01	≤0.01	>0.01
29	铬(Cr^{6+})/(mg/L)	≤0.005	≤0.01	≤0.05	≤0.1	>0.1
30	铅(Pb)/(mg/L)	≤0.005	≤0.01	≤0.05	≤0.1	>0.1
31	铍(Be)/(mg/L)	≤0.0002	≤0.0001	≤0.0002	≤0.001	>0.001

序号	标准值　　类别 项目	Ⅰ类	Ⅱ类	Ⅲ类	Ⅳ类	Ⅴ类
32	钡(Ba)/(mg/L)	≤0.001	≤0.1	≤1.0	≤4.0	>4.0
33	镍(Ni)/(mg/L)	≤0.005	≤0.05	≤0.05	≤0.1	>0.1
34	滴滴涕/(μg/L)	不得检出	≤0.005	≤1.0	≤1.0	>1.0
35	六六六/(μg/L)	≤0.005	≤0.05	≤5.0	≤5.0	>5.0
36	总大肠菌群/(个/mL)	≤3.0	≤3.0	≤3.0	≤100	>100
37	细菌总数/(个/mL)	≤100	≤100	≤100	≤1000	>1000
38	总 α 放射性/(Bq/L)	≤0.1	≤0.1	≤0.1	>0.1	>0.1
39	总 β 放射性/(Bq/L)	≤0.1	≤1.0	≤1.0	>1.0	>1.0

3. 噪声标准

美国环境保护局（EPA）于 1975 年提出了保护健康和安宁的噪声标准。1993 年，我国也制定了《城市区域环境噪声标准》，噪声标准将城市区域分为五类功能区，昼间标准值分别为：0 类(需特别安静区)50dB(A)，1 类(居住、文教区)55dB(A)，2 类(居住、商业、工业混杂区)60dB(A)，3 类(工业区)65dB(A)，4 类(城市交通干线两侧)70dB(A)。

4. 土壤环境标准

防止生物病菌的污染仍是当前环境保护的一项重要工作，但随着工业的发展，化学物质的污染（如重金属、农药等）也会愈来愈重。由于各国环境质量标准产生于自身的环境保护实际和技术经济条件，各国所制定的土壤标准无论是其表现形式、项目数量，或要求达到的水平都各不相同，彼此之间无法相比。我国于 1995 年制定了《土壤环境质量标准》，根据土壤类型和保护目标，划分为三类：Ⅰ类主要适用于国家规定的自然保护区（原有背景重金属含量高的除外）、集中式生活饮用水源地、茶园、牧场和其他保护地区的土壤，土壤质量基本上保持自然背景水平。Ⅱ类主要适用于一般农田蔬菜地、茶园、果园、牧场等土壤，土壤质量基本上对植物和环境不造成危害和污染。Ⅲ类主要适用于林地土壤及污染物容量较大的高背景值土壤和矿产附近等地的农田土壤（蔬菜地除外）。土壤质量基本上对植物和环境不造成危害和污染。

二、制定环境标准的原则和方法

（一）制定环境质量标准的原则

1. 保障人体健康是制定环境质量标准的首要原则

环境质量标准是以保障人体健康、保证正常生活条件及保护自然环境为目标的，故在制定标准时，必须首先对环境中各种污染物浓度对人体、生物及建筑等的危害影响进行综合研究，分析污染物剂量与环境效应间的相关性。通常人们把这种相关性的系统资料称为环境基准（criteria）。环境基准可随研究对象的不同，分为卫生基准、生物基准等。世界卫生组织在总结各国资料的基础上不断提供了一系列污染物的卫生基准，这是各国制定环境质量标准的重要依据。

2. 制定环境质量标准应考虑技术经济条件

环境基准虽是制定环境质量标准的主要依据，但不能把它作为唯一的依据。因为环境质量标准是要求在规定期限以内达到的环境质量，而不是一般性参考目标。因此在制定标准时应分析估计在规定期限内实现这一质量要求的技术、经济条件。如果标准过高，超越了技术经济的现实可能性，则标准不起作用。反之，如果一味迁就技术经济条件而随意降低标准要求，则会失去其保障人体健康和保护环境的根本意义。标准制定者的职责，就是要在满足环境基准要求和现实技术经济的可行性之间寻找最佳方案。有人认为环境质量标准，包括过去的卫生标准在内，是单纯根据环境基准制定的，这是不了解全部情况的误解。

（二）制定环境质量标准的方法

1. 综合分析基准资料

制定环境质量标准的第一步是综合分析尽可能多的各种基准资料，必要时还需进行专门的工业毒理学实验和流行病学调查，以选择污染物的某种浓度和接触时间作为质量标准的初步方案。但这不能单着眼于卫生基准，而必须兼顾其他。有些污染物对植物或对鱼类比对人更为敏感，因此在指标选定时，必须加以全面衡量，做出适当选择。然而，制定一个比较完全的环境质量标准并不容易。通常，不少国家，包括我国在内，在初期都是先从保护人体健康出发制定一个环境卫生标准，然后再逐步充实完善。世界卫生组织 1963 年提出了下列空气质量的四级水平，供各国在制定大气卫生标准时参考。

第一级：在处于和低于所规定的污染物浓度和接触时间内，不会观察到直接或间接的反应（包括反射性或保护性反应）。

第二级：在达到或高于所规定的污染物浓度和接触时间内，对人的感觉器官有刺激，对植物有损害或对环境产生其他有害作用。

第三级：在达到或高于所规定的污染物浓度和接触时间内，可以使人的生理功能发生障碍或衰退，可引起慢性疾病和缩短寿命。

第四级：在达到或高于所规定的污染物浓度和接触时间内，敏感的人发生急性中毒或死亡。

2. 协调代价和效益间的关系

环境质量的实现必须以社会的技术经济条件作为基础，因此制定环境质量标准时，当选出较合适的浓度指标后，还必须作技术经济的分析比较，权衡得失与利弊，合理协调代价和效益间的关系。所谓代价，不是单指为消除污染所付出的直接投资；所谓效益，也不是简单从污染物浓度的变化来考察。实际上，它们包含着极其广泛的社会意义，从人体健康、生态平衡、资源保护、工农业生产，直至政治文化生活等。

为了做到这一点，理论上可以把为减少或控制某种污染所需费用的变化与社会经济损失的相应减少或收益的相应增加的变化同时描绘出来。但是，这种方法目前还停留在理论探讨阶段，尚不能实际应用。

3. 根据环境管理经验修正

由于环境污染控制的很多理论问题至今尚未得到令人满意的解决，因此在制定环境质量标准的同时，还不得不求助于实际的环境管理经验。通常，可以根据环境质量实际监测资料对照预定的质量标准，通过一定的公式进行修正。

三、我国的环境保护体系和常用的环境保护标准

我国的环境保护标准与环境保护事业同时起步。我国 1973 年颁布了第一个环境保护标准《工业"三废"排放试行标准》（GBJ 4—73），该标准奠定了我国环境保护标准的基础，为我国刚刚起步的环保事业提供了管理和执法依据，在"三同时"、排污收费、污染源控制和污染防治等方面发挥了重大作用。由于我国当时尚未对环境保护立法，因此该标准实际上发挥着国家环境保护法规的作用。

我国于 1979 年颁布了《中华人民共和国环境保护法》，在法律上确立了环境标准的地位。经过 30 多年的发展，目前我国现行的国家环境保护标准数量已经达到近 1200 项。

我国通过环境保护立法确立了国家环境保护标准体系：以国家环境质量标准和国家污染物排放标准为主体，国家环境监测方法标准、国家环境标准样品标准、国家环境基础标准和国家环境保护部标准相配套的国家环境保护标准体系。

我国目前主要的环境保护标准有以下几种。

《环境空气质量标准》（GB 3095—1996）（2000 年修改）

《地表水环境质量标准》（GB 3838—2002）

《声环境质量标准》（GB 3096—2008）

《土壤环境质量标准》（GB 15618—1995）

《保护农作物的大气污染物最高允许浓度》（GB 9137—88）

《机场周围飞机噪声环境标准》（GB 9660—88）

《城市区域环境振动标准》（GB 10070—88）

《渔业水质标准》（GB 11607—89）

《农田灌溉水质标准》（GB 5084—92）

《海水水质标准》（GB 3097—1997）

《室内空气质量标准》（GB 18883—2002）

《污水综合排放标准》（GB 8978—1996）

《城镇污水处理厂污染物排放标准》（GB 18918—2002）

《钢铁工业水污染物排放标准》（GB 13456—1992）

《纺织染整工业水污染物排放标准》（GB 4287—1992）

《合成氨工业水污染物排放标准》（GB 13458—2001）

《畜禽养殖业污染物排放标准》（GB 18596—2001）

《皂素工业水污染物排放标准》（GB 20425—2006）

《医疗机构水污染物排放标准》（GB 18466—2005）

《船舶工业污染物排放标准》（GB 4286—1984）

《大气污染物综合排放标准》（GB 16297—1996）

《火电厂大气污染物排放标准》（GB 13223—2003）

《锅炉大气污染物排放标准》（GB 13271—2001）

《工业炉窑大气污染物排放标准》（GB 9078—1996）

《水泥工业大气污染物排放标准》（GB 4915—2004）

《炼焦炉大气污染物排放标准》（GB 16171—1996）

《恶臭污染物排放标准》（GB 14554—1993）

《生活垃圾焚烧污染控制标准》（GB 18485—2001）

第二节　环境法规

一、环境法的概念和特点

环境法是以保护和改善环境、警惕和预防人为环境侵害为目的，调整与环境相关的人类行为的法律规范的总称。这个定义在如下三个方面确立了环境法的内涵。

第一，环境立法的目的在于保护和改善环境、警惕和预防人为原因造成对环境的侵害；

第二，环境法调整对象的范围包括全部与环境相关的人为活动；

第三，环境法体系的范畴还包括其他调整与环境相关社会关系部门法的法律规范。

应当注意的是，在给环境法下定义时，一般不将对因灾害而导致的环境破坏所实施的法律控制也纳入环境法的内涵之中。这也是各国环境法学家通常的做法。

作为部门法的一种表现形式，环境法具有与其他部门法相同的一般特征（如规范性、强制性等）。然而，由于环境法是法学与环境科学的交叉学科，因此环境法还具有与其他部门法所不同的固有的特征，它们主要表现在如下四个方面。

1. 科学技术性

环境法具有浓厚的科学技术性这一点，是所有环境法学家所共识的不同于一般部门法的基本特征。它反映自然规律、社会经济发展规律、人与自然互相作用的规律，必须建立在科学理论与科学技术的基础上，作为其表现，使它重视运用生态化的管理方法并包含许多法定化的技术性规范和技术性政策。

2. 综合性

由于环境法所调整的社会关系涉及生产、流通、生活各个领域，并与开发利用、保护环境和资源的广泛社会活动有关，这就决定了需要以多种法律规范、多种方法，从多个方面对环境法律关系进行综合性调整。

3. 共同利益性

更多的则是要考虑全人类的共同利益，即人类生存繁衍的基础——全球生态利益。

4. 法律关系的特殊性

环境法律关系，是环境法的法律规范在调整与环境相关的人类行为过程中所形成的权利义务关系。由于环境法的法律规范主要是由行政法律规范结合民事、刑事等不同的法律规范组合而成的，因此环境法的法律关系是一个复杂的综合体，显得非常特殊化。

二、环境法的作用

环境法的作用亦称环境法的功能，它表示环境法存在的价值。环境法的作用可以从环境资源、环境保护和法律的重要性这三个方面来认识。环境法是实现环境法治、建立人与自然和谐共处的法治秩序的前提。环境法最基本的作用是调整因环境资源开发、利用、保护、改善及其管理所发生的环境社会关系，包括人与自然的关系和人与人的关系。我国环境法的具体作用主要表现在如下几个方面。

① 环境法是国家进行环境管理的法律依据，是推动我国环境保护事业和环境资源工作发展的强大力量。环境法针对环境管理部门及其职责、环境监督管理措施和制度、环境管理范围和管理关系以及各项环境保护工作作了全面规定。

② 环境法是防治污染和其他公害、保护生活环境和生态环境、合理开发和利用环境资源、保障人体健康的法律武器。环境法规定了开发、利用、保护、改善环境的各种行为规范，规定了各级人民政府及其所属部门、一切单位和个人在环境资源保护方面的权利和义务以及相应的法律责任和补救措施，是他们享受权利、履行义务、与污染破坏环境资源的行为作斗争的有力武器。

③ 环境法是协调经济、社会发展和环境保护的重要调控手段。环境法把协调经济、社会发展和环境保护的经济手段、行政手段和科学技术手段上升到法律的高度，既确定了环境规划、布局、价格、税收、信贷等宏观调控方式的地位，又规定了现场检查、申报登记、行

政处罚等微观调控方式的地位，是在社会主义市场经济体制下协调经济、社会和环境保护的有效手段。

④ 环境法是提高公民环境意识和环境法制观念、促进公众参与环境管理、倡导良好的环境道德风尚、普及环境科学知识和环境保护政策的好教材。环境法向全社会提出了保护环境的行为规范和政策措施，明确了法律提倡什么、禁止什么，以法律为准绳在环境资源工作领域树立起了判断是非善恶的标准，是最好的环境保护宣传材料和"教科书"。

⑤ 环境法是处理我国与外国的环境关系、维护我国环境权益的重要工具。我国环境法注意了与有关国际条约的协调，纳入了有关国际环境法规范，宣布了我国的基本环境政策，明确了环境法的适用范围，有利于防止外国向我国转嫁污染以及侵犯我国的环境权益。

三、环境法的适用范围

环境法在地域或空间的适用范围，也称之为空间适用范围。不同级别和不同调控对象的环境法律对其适用范围有不同的规定。适用范围主要调整人与自然的地域关系。从地理环境的概念看，适用范围实际上是指适用于哪些环境要素，这就与环境法的保护对象搭上了关系。根据《环境保护法》第 3、46 条和《海洋环境保护法》（1982 年制定，1999 年修改）第 2 条的规定，我国环境资源法的适用范围是：中华人民共和国领域；中华人民共和国的内水、领海、毗连区、专属经济区、大陆架以及中华人民共和国管辖的其他海域。在中华人民共和国管辖海域以外，造成中华人民共和国管辖海域污染损害的，也适用《海洋环境保护法》；中华人民共和国缔结或者参加的与海洋环境保护有关的国际条约与《海洋环境保护法》有不同规定的，适用国际条约的规定，但中华人民共和国声明保留的条款除外。

第三节　环境管理

一、环境管理的基本概念

1974 年，UNEP 和联合国贸易与发展会议（UNCATD）在墨西哥召开"资源利用、环境与发展战略方针"专题研讨会，会上形成三点共识：①全人类的一切基本需要应当得到满足；②要进行发展以满足基本需要，但不能超出生物圈的容许极限；③协调这两个目标的方法即环境管理。这样，"环境管理"概念首次被正式提出。同年，休埃尔在其《环境管理》一书中指出："环境管理是对损害人类自然环境质量的人为活动（特别是损害大气、水和陆地外貌质量的人为活动）施加影响。"他特别说明，所谓"施加影响"系指"多人协同的活动，以求创造一种美学上会令人愉快、经济上可以生存发展、身体上有益于健康的环境所作出的自觉的、系统的努力"。

目前，关于环境管理的定义尚无完全一致的结论，目前主流的观点认为环境管理体系就是运用行政、法律、经济、科技与教育等手段，预防与禁止人们损害环境质量的行为，鼓励人们改善环境质量的活动，通过全面规划、综合决策、制定环境目标、选择行动方案，正确处理发展与环境的关系，实现既满足当代需求又不危及后代人满足其需求能力的发展。

二、环境管理的理论基础

1. 人与环境的辩证关系

我们面对的现实世界是人类社会和自然界双方组成的矛盾统一体，两者之间是对立统一的关系。人类为了更好地生活和发展不得不去违背大自然应有的内在规律，改造它而去获得更大的个人价值。也就意味着自然界中原有的状态和进程受到了干扰，这种干扰很可能使自然界失去平衡。随着人的活动力度不断加大，自然的平衡在越来越多的领域内被打破了。

事物的矛盾既有统一的一面，也有对立的一面。人与自然的关系也不例外。人与自然界是不可分割的。在现实生活中，人离开自然界就无法生活，而脱离人的自然界就不是人所赖以生活的自然界了，因而对于人来说就是根本不存在的自然界。同样，脱离自然界也就无法定义现实的人。人本来源于自然界，并属于自然界的一部分。

2. 生态理论

所谓的生态理论的基本观点主要有以下三点。

① 生态系统具有不以人的意志为转移的客观规律；

② 人类的发展、建设活动总会对生态系统产生影响；

③ 人类必须认识和运用生态规律，改造环境，促进生态良性循环。

三、环境管理的基本职能和主要措施

环境管理的基本职能包括规划、协调和监督三个方面。也就是说从事环境管理事务的人员及其管理机构的工作在环境保护事业中应该起到规划、协调和监督三个方面的作用。

1. 规划

环境规划是指一定时期内对环境保护目标和措施所作出的规定。环境规划是政府环境决策的具体体现，编制环境规划是环境管理的一项职能，已批准的规划则是环境管理的主要依据。环境规划的主要目标是控制污染、改善生态环境，促进经济和环境的协调发展。环境规划有三个层次，即宏观环境规划、专项环境规划和环境规划实施方案。

2. 协调

环境保护涉及社会的各行各业，各个方面。搞好环境保护必须各部门、各地区之间相互协调。环境又是一个整体，各项环保工作存在着联系。环境保护工作既具有区域性又具有综合性的特点，这就要求环境机构统一协调、按照统一的目标，要求各地区、各单位做好各自范围内的环境保护工作。环境管理的协调主要包括战略协调、政策协调、技术协调和部门协调四个方面。

3. 监督

环境监督是指对环境质量的监测和对一切影响环境行为的监察。制定了环境规划，进行协调，作出了分工，只是工作的第一步。要真正贯彻实施，还必须要有切实有效的监督，这也是环境管理的一个重要职能。没有这个职能，或者这个职能发挥得不好，就谈不上健全的、强有力的环境管理。

根据国外环境防治和我国环境管理的经验，加强环境管理，必须要有强有力的措施。否则管理就无根无据，不能落实。强化环境管理的主要措施包括：建立行政管理机构、制定环境保护法律、制定环境保护政策、制定环境质量标准和排污控制标准、建立实行环境保护制度、采用最新技术、进行综合治理和加强环境管理信息系统及环境统计指标体系的建设。

四、环境管理的分类

环境管理按照管理范围或者管理性质来进行分类，在具体工作中也可以按照环保部门的工作领域来进行分类。

① 按照管理范围来进行分类，可以分为资源环境管理、区域环境管理和专业环境管理。资源环境管理的主要内容是水资源的利用和开发保护，土地资源的管理和可持续性开发利

用，森林和草地资源的培育、保护、管理和可持续发展，海洋资源的可持续性开发和保护，矿产资源和能源的合理开发和利用，生物多样性的保护等。区域管理主要包括城市环境管理、区域环境管理、海洋环境管理、自然保护区的建设和管理、风沙区建设和管理。专业管理包括工业、农业、交通运输业、商业、建筑业等国民经济各部门的管理，以及各行各业、各企业的管理。

② 按照管理性质进行分类可以分为环境计划管理、环境质量管理和环境技术管理。环境计划管理是制定、执行、检查和协调各部门、各行业之间的环境规划，使之成为整个社会经济发展的重要组成部分。环境质量管理是环境管理的核心内容，是组织职能和控制职能的重要体现。组织必要的人力和其他资源去执行制定的计划，并将计划的完成情况和计划目标进行对照，以确保计划项目的实施。环境技术管理就是加强技术能力的建设，依靠科技的进步实现规范、有效、科学的管理。

复习思考题

1. 什么是环境质量标准？什么是环境标志？
2. 我国制定环境质量标准的原则有哪些？具体的方法是什么？
3. 环境法规有哪些特点？制定环境法的目的和作用有哪些？
4. 什么是环境管理体系？环境管理的基本职能是什么？

阅读材料

9-1　绿色贸易壁垒

绿色壁垒，是指在国际贸易领域，发达国家凭借其经济技术优势，以保护环境和人类健康的名义，通过立法或制定严格的强制性技术法规，对发展中国家商品进入国际市场进行限制。表现形式主要有绿色关税、绿色市场准入、绿色反补贴、绿色反倾销、强制性绿色标志、繁琐的进口检验程序等。发达国家把绿色壁垒变成主要针对发展中国家的一种贸易保护主义的隐蔽制裁手段，以平衡自己在劳动力价格、运输和原材料价格等方面的劣势。据统计，欧盟禁止进口的非绿色产品中 90% 以上都是发展中国家的产品。

作为发展中国家，中国的环境标准与发达国家相差甚远，绿色壁垒对中国对外贸易的制约越来越大。直接对我国出口造成严重影响的标准主要有：食品中的农药残留量；陶瓷产品中的含铅量；皮革的残留量；机电产品与玩具的安全性指标；汽油的含铅量；汽车排放标准；包装物的可回收性指标；纺织品染料指标；保护臭氧层的受控物质等。以纺织业为例，近年来我国纺织品出口因绿色壁垒蒙受的损失已高达数百亿美元。

当今国际环境问题存在严重的不公平现象。发达国家一方面指责我们不环保，一方面向我们转移他们的污染行业并且封锁环保技术。国际贸易保护主义今后将会设置越来越多的绿色壁垒，对我国的对外贸易的冲击将会越来越大。但中国迫切需要发展经济，又不得不进一步发展对外贸易。作为发展中国家，中国积极参与国际竞争，就意味着必须"与狼共舞"。

分析：针对绿色壁垒，我们要充分利用世贸组织的规则，维护对外贸易的正当权益。但是，国际环境问题的不公平现象在短期内是无法改变的，要想从根本上扭转对外贸易的这种不利局面，就必须尽快完成向生态文明的转型，走绿色崛起道路。我们要主动适应国际绿色技术标准，督促国内企业的绿色意识和绿色技术革新，使国内产业实现绿色化，提高出口产品在国际绿色消费市场的竞争力。因此，建设社会主义生态文明是我国对外贸易在新形势下的迫切要求。

9-2　绿色环境标志

随着国际环境公约的频繁出台和全球环境的日益恶化以及消费者环保意识的不断增强，许多国家纷纷制定和修订环境与贸易法规，并按照一定的环境标准颁发了环境标志("绿色标志")，这无疑有利于促进环境保护。但是，由于各国环境与技术标准的依据和指标水平、检测和评价方法等不同，有可能对外国商品的市场准入需求构成贸易壁垒或被新贸易保护主义所利用，从而必然引起种种贸易纠纷，尤其威胁和冲击了发展中国家的出口贸易。据统计，因发达国家绿色标志的广泛使用，至少影响我国 40 亿美元的出口。欧盟一些国家实施纺织品环境标志（对棉花生产中农药的使用，对漂白剂、染色剂等提出较高环保要求）对我国纺织品出口产生严重影响。如厦门丝绸进出口公司出口到欧盟的丝绸由于此标志的实施而出口量大大下降。

1996 年～2003 年 6 月，我国仅有 38 家纺织服装企业获得环境标志认证。对此，专家指出，我国服装企业积极应对外贸"绿色壁垒"，实施环境标志产品认证意义重大。目前欧盟及各成员国或相关组织构筑"绿色壁垒"的速度正在加快。仅在纺织品服装贸易领域，去年以来就有 10 余项新的法规、指令或标签标准出台。其中涉及面较广的主要有：《关于禁用偶氮染料的欧盟指令》、《关于纺织品生态标签标准的欧盟委员会决定》、《关于禁止使用和销售"蓝色素"的欧盟委员会指令》等。中国环境标志产品认证对于规范国内纺织服装市场，大力倡导清洁生产和绿色消费，具有很强的推动作用。面对国际市场，特别是我国纺织品服装的主要出口地欧盟、日本及美国市场，企业必须瞄准国际先进水平，全方位满足国际市场要求，申请国际认证。

9-3　绿色包装制度

有些国家为强制实施再循环和再利用相关法律，建立了绿色标签制度，无绿色标签包装的产品禁止进口。1998 年，美国、加拿大、英国、欧盟各国等相继以天牛虫问题为由，禁止我国所有未经熏蒸处理的木制包装进入其境内，这一规定使包装成本增加了 20%，并影响我国对上述地区出口总额的三分之一。

参考文献

[1] 张坤民. 当代环境管理要义之二：环境管理的实施手段 [J]. 环境保护，1999，(8)：6-9.
[2] 张坤民. 当代环境管理要义之一：环境管理的基本概念 [J]. 环境保护，1999，(5)：7-9.
[3] 张上勇. 环境管理的现状分析与对策 [J]. 环境科学与技术，2002，S1：63-65.
[4] 毛建素. 环境管理基本特征初探 [J]. 环境科学动态，2004，(4)：6-9.
[5] 刘天齐. 环境管理 [M]. 北京：中国环境科学出版社，1992.
[6] 国家环保总局. 第四次全国环境保护会议文件汇编 [M]. 北京：中国环境科学出版社，1996.
[7] 王宇婷，井文涌. 环境学导论 [M]. 北京：高等教育出版社，1987.
[8] 刘少康. 环境与环境保护导论 [M]. 北京：清华大学出版社，2002.
[9] 曲格平. 环境保护知识读本 [M]. 北京：红旗出版社，1999.
[10] 蒋展鹏. 环境工程学 [M]. 北京：高等教育出版社，2003.

［11］李焰．环境科学导论［M］．北京：中国电力出版社，2000．

［12］林肇信，刘天齐．环境保护概论［M］．北京：高等教育出版社，1999．

［13］曲向荣．环境保护概论［M］．沈阳：辽宁大学出版社，2007．

［14］叶文虎．环境管理学［M］第 2 版．北京：高等教育出版社，2006．

［15］王新，沈新军．资源与环境保护概论［M］．北京：化学工业出版社，2009．

［16］朱蓓丽．环境工程概论［M］．北京：科学出版社，2005．

第十章　可持续发展战略

【内容提要】　本章主要介绍了可持续发展、清洁生产、循环经济、绿色产品、低碳经济等相关基本知识；重点介绍了可持续发展的概念、内涵、基本原则、实施可持续发展的基本途径以及清洁生产、循环经济概念及基本特征。

【重点要求】　了解清洁生产、绿色产品、低碳经济及生态工业的有关概念；掌握可持续发展的概念、内涵、基本原则及实施可持续发展的基本途径。

第一节　可持续发展的概念与内涵

一、可持续发展的由来

发展是人类社会不断进步的永恒主题。

人类经过了对自然顶礼膜拜、唯唯诺诺的漫长历史阶段之后，工业革命以后，随着科学技术的进步和社会生产力的提高，一跃成为大自然的主宰，创造了前所未有的物质财富。可就在人类对科学技术和经济发展的累累硕果津津乐道之时，却不知不觉地步入了自己挖掘的陷阱，世界人口急剧膨胀、资源被过度消耗和浪费、严重的生态破坏和环境污染都已经成为全球性的问题。以上种种始料不及的环境问题击破了单纯追求经济增长的美好神话，固有的思想观念和思维方式受到强大冲击，传统的发展模式面临严峻挑战。在这种严峻的形势下，人类不得不重新审视自己的社会经济行为，努力寻求一条人口、资源、经济、社会和环境相互协调的，既能满足当代人的需要又不对满足后代人需要的能力构成危害的发展模式。可持续发展思想在环境与发展理念的不断更新中逐步形成。

1. 《寂静的春天》——早期反思

"可持续性"是一个概念，我国道家思想很早就有"道法自然"的古朴思想，《淮南子·难一》写到"先王之法，不涸泽而渔，不焚林而猎"。西方早期的一些经济学家如马尔萨斯、李嘉图等，也较早认识到人类消费的物质限制，即人类经济活动存在着生态边界。

20 世纪中叶，随着环境污染的日趋加重，特别是西方国家公害事件的不断发生，环境问题频频困扰人类。20 世纪 50 年代末，美国海洋生物学家蕾切尔·卡逊（Rachel Karson）在潜心研究美国使用杀虫剂所产生的种种危害之后，于 1962 年发表了环境保护科普著作《寂静的春天》。作者通过对污染物富集、迁移、转化的描写，阐明了人类同大气、海洋、河流、土壤、动植物之间的密切关系，初步揭示了污染对生态系统的影响。她告诉人们："地球上生命的历史一直是生物与其周围环境相互作用的历史……只有人类出现后，生命才具有了改造其周围大自然的能力。在人对环境的所有改造中，最令人震惊的，是空气、土地、河流以及大海受到各种致命化学物质的污染。这种污染是难以恢复的，因为它们不仅进入了生命赖以生存的世界，而且进入了生物组织内。"她还向世人呼吁，我们长期以来前进的道路，容易被人误认为是一条可以高速前进的平坦、舒适的超级公路，但实际上，这条路的终点却潜伏着灾难，而另外的道路则为我们提供了保护地球的最后唯一的机会。这"另外的道路"

究竟是什么样的，卡逊没能确切告诉我们，但是，卡逊的警告还是唤醒了人们，从那时起，环境保护作为一个崭新的词汇就经常在科学讨论中出现。卡逊的思想在世界范围内引起了人类对自身行为和观念的深入反思。在随后的时间里，人类面临的环境问题越来越严重。面对如此众多的环境问题，越来越多的人进行了严肃的思考。人们发现，环境问题的出现总是和经济发展同步，而经济的发展则是由人类驱使，人类开始发挥自己的聪明才智，研究环境和发展二者之间的关系。

2.《增长的极限》——服清醒剂

随着科学的进步，人类活动的影响已经不仅在地球的范围内了，人类创造高度的文明却破坏了环境，过度地消耗了资源，环境和资源对人类发展的负面效应也越来越大，此时，已经出现了一种对人类和环境都不利的恶性循环。1972 年以麻省理工学院 D. 梅多斯（Dennis L. Meadows）为首的研究小组，针对长期流行于西方的高增长理论进行了深刻反思，写出了一份研究报告——《增长的极限》。报告深刻阐明了环境的重要性以及资源与人口之间的基本联系。报告认为：由于世界人口增长、粮食生产、工业发展、资源消耗和环境污染这五项基本因素的运行方式是指数增长而非线性增长，全球的增长将会因为粮食短缺和环境破坏于某个时段内达到极限。就是说，地球的支撑力将会达到极限，经济增长将发生不可控制的衰退。因此，要避免因超越地球资源极限而导致世界崩溃的最好方法是限制增长，即"零增长"。

《增长的极限》一发表，在国际社会特别是在学术界引起了强烈的反响。该报告在促使人们密切关注人口、资源和环境问题的同时，因其反增长情绪而遭受到尖锐的批评和责难。因此，引发了一场激烈的、旷日持久的学术之争。一般认为，由于种种因素的局限，《增长的极限》的结论和观点，存在十分明显的缺陷。但是，报告所表现出的对人类前途的"严肃的忧虑"以及其唤起的人类自身觉醒，其积极意义却是毋庸置疑的。它所阐述的"合理的、持久的均衡发展"，为孕育可持续发展的思想提供了土壤。

3.《人类环境宣言》——全球觉醒

1972 年，联合国人类环境会议在斯德哥尔摩召开，来自世界 113 个国家和地区的代表汇聚一堂，共同讨论环境对人类的影响问题。这是人类第一次将环境问题纳入世界各国政府和国际政治的议程。大会通过的《人类环境宣言》宣布了 37 个共同观点和 26 项共同原则。它向全球呼吁：现在已经到达历史上这样一个时刻，我们在决定世界各地的行动时，必须更加审慎地考虑它们对环境产生的后果。由于无知或不关心，我们可能给生活和幸福所依靠的地球环境造成巨大的无法换回的损失。因此，保护和改善人类环境是关系到全世界各国人民的幸福和经济发展的重要问题，是全世界各国人民的迫切希望和各国政府的责任，也是人类的紧迫目标。各国政府和人民必须为着全体人民和自身后代的利益而作出共同的努力。

作为探讨保护全球环境战略的第一次国际会议，联合国人类环境大会的意义在于唤起了各国政府共同对环境问题，特别是对环境污染的觉醒和关注。尽管大会对整个环境问题认识比较粗浅，对解决环境问题的途径尚未确定，尤其是没能找出问题的根源和责任，但是，它正式吹响了人类共同向环境问题挑战的进军号。各国政府和公众的环境意识，无论是在广度上还是在深度上都向前迈进了一步。

4.《我们共同的未来》——重要飞跃

20 世纪 80 年代伊始，联合国本着必须研究自然的、社会的、生态的、经济的以及利用自然资源过程中的基本关系，确保全球发展的宗旨，于 1983 年 3 月成立了以挪威首相布伦特兰夫人（G. H. Brundland）任主席的世界环境与发展委员会（WCED）。联合国要求其负责制订长期的环境对策，研究能使国际社会更有效地解决环境问题的途径和方法。经过 3 年多的深入研究和充分论证，该委员会于 1987 年向联合国大会提交了研究报告《我们共同的未来》。

《我们共同的未来》分为"共同的问题"、"共同的挑战"和"共同的努力"三大部分。报告将注意力集中于人口、粮食、物种和遗传资源、能源、工业和人类居住等方面。在系统探讨了人类面临的一系列重大经济、社会和环境问题之后，提出了"可持续发展"的概念。报告深刻指出，在过去，我们关心的是经济发展对生态环境的影响，而现在，我们正迫切地感到生态的压力给经济发展所带来的重大影响。因此，我们需要有一条新的发展道路，这条道路不是一条仅能在若干年内、在若干地方支持人类进步的道路，而是一直到遥远的未来都能支持全球人类进步的道路。这实际上就是卡逊在《寂静的春天》没能提供答案的、所谓的"另外的道路"，即"可持续发展道路"。布伦特兰鲜明、创新的科学观点，把人们从单纯考虑环境保护引导到把环境保护与人类发展切实结合起来，实现了人类有关环境与发展思想的重要飞跃。

从 1972 年联合国人类环境会议召开到 1992 年的 20 年间，尤其是 20 世纪 80 年代以来，国际社会关注的热点已由单纯注重环境问题逐步转移到环境与发展二者的关系上来，而这一主题必须由国际社会广泛参与。在这一背景下，联合国环境与发展大会于 1992 年 6 月在巴西里约热内卢召开。共有 183 个国家的代表团和 70 个国际组织的代表出席了会议，102 位国家元首或政府首脑到会讲话。会议通过了《里约环境与发展宣言》（又名《地球宪章》）和《21 世纪议程》两个纲领性文件。前者是开展全球环境与发展领域合作的框架性文件，是为了保护地球永恒的活力和整体性，建立一种新的、公平的全球伙伴关系的"关于国家和公众行为基本准则"的宣言。它提出了实现可持续发展的 27 条基本原则；后者则是全球范围内可持续发展的行动计划，它旨在建立 21 世纪世界各国在人类活动对环境产生影响的各个方面的行动规则，为保障人类共同的未来提供一个全球性措施的战略框架。此外，各国政府代表还签署了联合国《气候变化框架公约》等国际文件及有关国际公约。可持续发展得到世界最广泛和最高级别的政治承诺。

以这次大会为标志，人类对环境与发展的认识提高到了一个崭新的阶段。大会为人类高举可持续发展旗帜，走可持续发展之路发出了总动员，使人类迈出了跨向新的文明时代的关键性一步，为人类的环境与发展矗立了一座重要的里程碑。

二、可持续发展的概念

可持续发展的概念来源于生态学，最初应用于农业和林业，指的是对于资源的一种管理战略。可持续发展一词在国际文件中最早出现在 1980 年由国际自然保护同盟制定发布的《世界自然保护大纲》。在 1987 年联合国发表的《我们共同的未来》中，将可持续发展定义为"既满足当代人的需要、又不危及后代人满足其需要的发展"。该定义受到国际社会的普遍赞同和广泛接受。可持续发展是一种从环境和自然角度提出的关于人类长期发展的战略模式。它特别指出环境和自然的长期承载力对发展的重要性以及发展对改善生活的重要性。可持续发展既是一种新的发展论、环境论、人地关系论，又可以作为全球发展战略实施的指导思想和主导原则。可持续发展意味着维护、合理使用并提高自然资源基础，意味着在发展规划和政策中纳入对环境的关注和考虑。下面介绍几种具有代表性的可持续发展的定义。

1. 着重于自然属性的定义

可持续性的概念源于生态学，即所谓"生态持续性"（ecological sustainability）。它主要指自然资源及其开发利用程度间的平衡。国际自然保护同盟（IUCN）1991 年对可持续性的定义是"可持续地使用，是指在其可再生能力（速度）的范围内使用一种有机生态系统或其他可再生资源"。同年，国际生态学联合会（INTECOL）和国际生物科学联合会（IUBS）进一步探讨了可持续发展的自然属性。他们将可持续发展定义为"保护和加强环境系统的生产更新能力"。即可持续发展是不超越环境系统再生能力的发展。此外，从自然属性方面定义的另一种代表是从生物圈概念出发，即认为可持续发展是寻求一种最佳的生态系统以支持生态的完整性和人类愿望的实现，使人类的生存环境得以持续。

2. 着重于社会属性的定义

1991 年，由世界自然保护同盟、联合国环境规划署和世界野生生物基金会共同发表了《保护地球——可持续生存战略》（Caring for the Earth：A Strategy for Sustainable living）。其中提出的可持续发展定义是："在生存不超出维持生态系统涵容能力的情况下，提高人类的生活质量"，并进而提出了可持续生存的 9 条基本原则。这 9 条基本原则既强调了人类的生产方式与生活方式要与地球承载能力保持平衡，保护地球的生命力和生物多样性，又提出了可持续发展的价值观和 130 个行动方案。报告还着重论述了可持续发展的最终目标是人类社会的进步，即改善人类生活质量，创造美好的生活环境。报告认为，各国可以根据自己的国情制定各自的发展目标。但是，真正的发展必须包括提高人类健康水平，改善人类生活质量，合理开发、利用自然资源，必须创造一个保障人们平等、自由、人权的发展环境。

3. 着重于经济属性的定义

这类定义均把可持续发展的核心看成是经济发展。当然，这里的经济发展已不是传统意义上的以牺牲资源和环境为代价的经济发展，而是不降低环境质量和不破坏世界自然资源基础的经济发展。在《经济、自然资源、不足和发展》中，作者巴比尔（Edward B. Barbier）把可持续发展定义为："在保护自然资源的质量和其所提供服务的前提下，使经济发展的净利益增加到最大限度。"普朗克（Pronk）和哈克（Hag）在 1992 年为可持续发展所作的定义是："为全世界而不是为少数人的特权所提供公平机会的经济增长，不进一步消耗自然资源的绝对量和涵容能力"。英国经济学家皮尔斯（Pearce）和沃福德（Warford）在 1993 年合著的《世界末日》一书中，提出了以经济学语言表达的可持续发展定义："当发展能够保证当代人的福利增加时，也不应使后代人的福利减少"。而经济学家科斯坦萨（Costanza）等人则认为，可持续发展是能够无限期地持续下去——而不会降低包括各种"自然资本"存量（量和质）在内的整个资本存量的消费数量。他们还进一步定义："可持续发展是动态的人类经济系统与更为动态的、但在正常条件下变动却很缓慢的生态系统之间的一种关系。这种关系意味着，人类的生存能够无限期地持续，人类个体能够处于全盛状态，人类文化能够发展，但这种关系也意味着人类活动的影响保持在某些限度之内，以免破坏生态学上的生存支持系统的多样性、复杂性和基本功能"。

4. 着重于科技属性的定义

这主要是从技术选择的角度扩展了可持续发展的定义，倾向这一定义的学者认为："可持续发展就是转向更清洁、更有效的技术，尽可能接近'零排放'或'密闭式'的工艺方法，尽可能减少能源和其他自然资源的消耗"。还有的学者提出："可持续发展就是建立极少产生废料和污染物的工艺或技术系统"。他们认为污染并不是工业活动不可避免的结果，而是技术水平差、效率低的表现。他们主张发达国家与发展中国家之间进行技术合作，缩短技术差距，提高发展中国家的经济生产能力。

三、可持续发展的内涵

可持续发展是一个涉及经济、社会、文化、技术及自然环境的综合概念。它是一种立足于环境和自然资源角度提出的关于人类长期发展的战略和模式。这并不是一般意义上所指的在时间和空间上的连续，而是特别强调环境承载能力和资源的永续利用对发展进程的重要性和必要性。它的基本思想主要包括以下三个方面。

（一）可持续发展鼓励经济增长

它强调经济增长的必要性，必须通过经济增长提高当代人福利水平，增强国家实力和社会财富。但可持续发展不仅要重视经济增长的数量，更要追求经济增长的质量。这就是说经济发展包括数量增长和质量提高两部分。数量的增长是有限的，而依靠科学技术进步，提高经济活动中的效益和质量，采取科学的经济增长方式才是可持续的。因此，可持续发展要求重新审视如何实现经济增长。要达到具有可持续意义的经济增长，必须审视使用能源和原料的方式，改变传统的以"高投入、高消耗、高污染"为特征的生产模式和消费模式，实施清洁生产和文明消费，从而减少每单位经济活动造成的环境压力。环境退化的原因产生于经济活动，其解决的办法也必须依靠于经济过程。

（二）可持续发展的标志是资源的永续利用和良好的生态环境

经济和社会发展不能超越资源和环境的承载能力。可持续发展以自然资源为基础，同生态环境相协调。它要求在严格控制人口增长、提高人口素质和保护环境、资源永续利用的条件下，进行经济建设、保证以可持续的方式使用自然资源和环境成本，使人类的发展控制在地球的承载力之内。可持续发展强调发展是有限制条件的，没有限制就没有可持续发展。要实现可持续发展，必须使自然资源的耗竭速率低于资源的再生速率，必须通过转变发展模式，从根本上解决环境问题。如果经济决策中能够将环境影响全面系统地考虑进去，这一目的是能够达到的。但如果处理不当，环境退化和资源破坏的成本就非常巨大，甚至会抵消经济增长的成果而适得其反。

（三）可持续发展的目标是谋求社会的全面进步

发展不仅仅是经济问题，单纯追求产值的经济增长不能体现发展的内涵。可持续发展的观念认为，世界各国的发展阶段和发展目标可以不同，但发展的本质应当包括改善人类生活质量，提高人类健康水平，创造一个保障人们平等、自由、教育和免受暴力的社会环境。这就是说，在人类可持续发展系统中，经济发展是基础，自然生态保护是条件，社会进步才是目的。而这三者又是一个相互影响的综合体，只要社会在每一个时间段内都能保持与经济、资源和环境的协调，这个社会就符合可持续发展的要求。显然，在新的世纪里，人类共同追求的目标，是以人为本的自然-经济-社会复合系统的持续、稳定、健康的发展。

第二节　可持续发展的基本原则

可持续发展具有十分丰富的内涵。就其社会观而言，主张公平分配，既满足当代人又满足后代人的基本需求；就其经济观而言，主张建立在保护地球自然系统基础上的持续经济发展；就其自然观而言，主张人类与自然和谐相处。从中所体现的基本原则有以下几种。

1. 公平性原则

所谓公平是指机会选择的平等性。可持续发展的公平性原则包括两个方面：一是本代人的公平即代内之间的横向公平。可持续发展要满足所有人的基本需求，给他们机会以满足他们要求过美好生活的愿望。当今世界贫富悬殊、两极分化的状况完全不符合可持续发展的原则。因此，要给世界各国以公平的发展权、公平的资源使用权，要在可持续发展的进程中消除贫困。各国拥有按其本国的环境与发展政策开发本国自然资源的主权，并负有确保在其管辖范围内或在其控制下的活动，不致损害其他国家或在各国管理范围以外地区的环境的责任。二是代际间的公平即世代的纵向公平。人类赖以生存的自然资源是有限的，当代人不能因为自己的发展与需求而损害后代人满足其发展需求的条件——自然资源与环境，要给后代人以公平利用自然资源的权利。

2. 持续性原则

可持续发展有着许多制约因素，其主要限制因素是资源与环境。资源与环境是人类生存与发展的基础和条件，离开了这一基础和条件，人类的生存和发展就无从谈起。因此，资源的永续利用和生态环境的可持续性是可持续发展的重要保证。人类发展必须以不损害支持地球生命的大气、水、土壤、生物等自然条件为前提，必须充分考虑资源的临界性，必须适应资源与环境的承载能力。换言之，人类在经济社会的发展进程中，需要根据持续性原则调整自己的生活方式，确定自身的消耗标准，而不是盲目地、过度地生产、消费。

3. 共同性原则

可持续发展关系到全球的发展。尽管不同国家的历史、经济、文化和发展水平不同，可持续发展的具体目标、政策和实施步骤也各有差异，但是，公平性和可持续性是一致的。要实现可持续发展的总目标，必须争取全球共同的配合行动，这是由地球整体性和相互依存性所决定的。因此，致力于达成既尊重各方的利益，又保护全球环境与发展体系的国际协定至关重要。正如《我们共同的未来》中写的"今天我们最紧迫的任务也许是要说服各国，认识回到多边主义的必要性"，"进一步发展共同的认识和共同的责任感，是这个分裂的世界十分需要的"。这就是说，实现可持续发展就是人类要共同促进自身之间、自身与自然之间的协调，这是人类共同的道义和责任。

第三节　可持续发展战略的指标体系

长期以来，人们采用国内生产总值来衡量经济发展的速度，并以此作为宏观经济政策分析与决策的基础。但是从可持续发展的观点来看，它存在着明显的缺陷，为了克服其缺陷，使衡量发展的指标更具有科学性，不少权威的世界性组织和专家都提出了一些衡量发展的新思路。

1. 衡量国家财富的新标准

1995 年，世界银行颁布了一项衡量国家财富的新标准，即一国的国家财富由三个主要资本组成：人造资本、自然资本和人力资本。人造资本为通常经济统计和核算中的资本，包括机械设备、运输设备、基础设施、建筑物等人工创造的固定资产；自然资本指的是大自然为人类提供的自然财富，如土地、森林、空气、水、矿产资源等；人力资本指的是人的生产能力，它包括了人的体力、受教育程度、身体状况、能力水平等各个方面。

2. 人文发展指数

联合国开发计划署于 1990 年发布的《人类发展报告》(1990)中，第一次使用了人文发展指数（Human Development Index，HDI，也称作人类发展指数）来综合测量世界各国的人文发展状况；该指数由三个单项指数复合组成：平均寿命指数（也称健康指数）、教育水平指数（也称文化指数）和人均 GDP 指数（也称生活水平指数）。平均寿命指数康长寿的生命，用出生时期望寿命来表示；教育水平指数，用成人识字率及大中小学综合入学率来表示；生活水平指数，用按购买力平价法计算的人均国内生产总值来表示。这三个指标分别反映了人的长寿水平、知识水平和生活水平。指数在 0～1 之间，指数越接近 1，说明发展水平越高。人类发展指数从动态上对人类发展状况进行了反映，揭示了一个国家的优先发展项，为世界各国尤其是发展中国家制定发展政策提供了一定依据，从而有助于挖掘一国经济发展的潜力。通过分解人类发展指数，可以发现社会发展中的薄弱环节，为经济与社会发展提供预警。

3. 绿色国民账户

现行的国民经济核算体系没有充分考虑自然资源耗减和环境质量退化的成本，因此，它无法真正反映国民经济发展成果和国民福利状况。近年来，世界银行和联合国统计局合作，试图将环境问题纳入到正在修订的国民账户体系框架中，建立经过环境调整的国内生产净值（NDP）和经过环境调整的国内收入净值（EDI）统计体系。目前，一个使用性的框架已经问世，称为"经过环境调整的经济账户体系（SEEA）"，其目的在于：在尽可能地保持现有国民账户体系的概念和原则的情况下，将环境数据结合到现存的国民账户信息体系中。

4. 国际竞争力评价体系

当代国际竞争力的评价体系创立于 20 世纪 80 年代，它以国际竞争力理论为依据，运用系统和科学的统计指标体系，从经济运行的事后结果和发展潜力，对一国经济运行和社会发展的综合竞争能力进行全面和系统的评价。目前，颇具影响的国际竞争力评价体系有 IMD 国际竞争力评价体系，它是由瑞士国际管理发展学院制定的。该体系运用和借鉴经济、管理和社会发展的最新理论，建立了国际竞争力成长的基本目标，对世界各国或地区国际竞争力的发展过程与趋势进行测度，分析一国或地区的国际竞争力的优劣势，并提出提升国际竞争力的发展战略与政策。从 2001 年开始，瑞士国际管理发展学院提出了新的国际竞争力评价体系，由新的竞争力四大要素指标取代原有的八大要素指标。这四大要素指标是经济运行竞争力、政府效率竞争力、企业效率竞争力和基础设施竞争力，四大要素指标均分别包含 5 个子要素。它们是：①经济运行，包括国内经济实力、国际贸易、国际投资、就业和价格子要素；②政府效率，包括公共财政、财政政策、组织机构、企业法规和社会结构子要素；③企业效率，包括生产效率、劳动市场、金融、企业管理和价值系统子要素；④基础设施，包括基本基础设施、技术基础设施、科学基础设施、健康与环境基础设施、教育子要素。这 20 个子要素共包含 300 多个指标。

5. 几种典型的综合性指标

综合性指标是通过系统分析方法，寻求一种能够从整体上反映系统状况的指标，从而达到对很多单个指标进行分析的目的，为决策者提供有效信息。一个是货币型综合性指标，它是以环境经济学和资源经济学为基础，其研究始于 20 世纪 70 年代的改良 GNP 运动。一个是物质流或者能量流型综合性指标，它是以世界资源研究所的物资流指标为代表的指标，寻求经济系统中物质流动或者能量流动的平衡关系，反映可持续发展水平，也为分析经济、资源和环境长期协调发展战略提供了一种新思路。

第四节　可持续发展的实施途径

一、清洁生产

清洁生产宗旨是通过不断采取改进设计，使用清洁的能源和原料、采用先进工艺技术与设备、改善管理、综合利用等措施，从源头削减污染，提高资源利用率，减少或者避免生产、服务和产品使用过程中污染物的产生和排放，以减轻或者消除对人类健康和环境的危害。

在中国《21 世纪议程》中，清洁生产的定义：清洁生产是指既可满足人们的需要又可合理使用自然资源和能源并保护环境的实用生产方法和措施，其实质是一种物料和能耗最少的人类生产活动的规划和管理，将废物减量化、资源化和无害化，或消灭于生产过程之中。同时对人体和环境无害的绿色产品的生产亦将随着可持续发展进程的深入而日益成为今后产品生产的主导方向。

清洁生产的内容相当广泛，主要强调以下三个重点。

① 清洁能源。包括节能技术的开发与改造，尽可能开发利用，如太阳能、风能、地热、海洋能、生物能等再生能源以及合理利用常规能源，提高能源利用率。

② 清洁生产过程。包括尽可能不用或少用有毒有害原料和中间产品。对原材料和中间产品进行回收，改善管理、提高效率，采用无废或者少废的生产工艺和生产设备。

③ 清洁产品。包括以不危害人体健康和生态环境为主导因素来考虑产品的制造过程甚至使用之后的回收利用，减少原材料和能源使用。清洁产品本身应该易于回收利用，在使用过程中不会对人体和环境造成危害。

清洁生产是可持续发展的关键要素，可以大幅减少资源消耗和废物产生，可以使已经得到破坏的环境得到缓解，使工业发展走上可持续发展的道路。

二、绿色产品

绿色产品又称为环境意识产品，即该产品的生产、使用及处理过程均符合环境保护的要求，不危害人体健康，其垃圾无害或危害极小，有利于资源再生和回收利用。为了把绿色产品与传统产品相区别，许多国家在绿色产品上贴有绿色标志。该标志不同于一般商标，而是用来标明该产品在制造、配置使用、处置全过程中符合特定环保要求的产品类型。

我国于 1993 年实行绿色标志认证制度，并制定了严格的绿色标志产品标准，目前涉及七类产品，即家用制冷器具、气溶胶制品、可降解地膜、车用无铅汽油、水性涂料和卫生纸等。绿色标志认证可以根据国际惯例保护我国的环境利益，同时也有利于促进企业提高产品在国际市场上的竞争力，因为越来越多的事实证明：谁拥有绿色产品，谁就拥有市场。

绿色产品除了常见的绿色食品以外还有绿色材料和绿色建筑两类。绿色材料是指可以通过生物降解或者光降解的有机高分子材料，绿色建筑是指在建筑的全寿命周期内，最大限度地节约资源(节能、节地、节水、节材)、保护环境和减少污染，为人们提供健康、适用和高效的使用空间，与自然和谐共生的建筑。

三、循环经济

1. 定义

循环经济（cyclic economy）即物质闭环流动型经济，是指在人、自然资源和科学技术的大系统内，在资源投入、企业生产、产品消费及其废弃的全过程中，把传统的依赖资源消耗的线形增长的经济，转变为依靠生态型资源循环来发展的经济。它是以资源的高效利用和循环利用为目标，以"减量化、再利用、资源化"为原则，以物质闭路循环和能量梯次使用为特征，按照自然生态系统物质循环和能量流动方式运行的经济模式。它要求运用生态学规律来指导人类社会的经济活动，其目的是通过资源高效和循环利用，实现污染的低排放甚至零排放，保护环境，实现社会、经济与环境的可持续发展。循环经济是把清洁生产和废弃物的综合利用融为一体的经济，本质上是一种生态经济，它要求运用生态学规律来指导人类社会的经济活动。

循环经济，它按照自然生态系统物质循环和能量流动规律重构经济系统，使经济系统和谐地纳入到自然生态系统的物质循环过程中，建立起一种新形态的经济体系。循环经济在本质上就是一种生态经济，要求运用生态学规律来指导人类社会的经济活动，是在可持续发展的思想指导下，按照清洁生产的方式，对能源及其废弃物实行综合利用的生产活动过程。它要求把经济活动组成一个"资源-产品-再生资源"的反馈式流程；其特征是低开采，高利用，低排放。

2. 循环经济的基本特征

传统经济是"资源-产品-废弃物"的单向直线过程，创造的财富越多，消耗的资源和产生的废弃物就越多，对环境资源的负面影响也就越大。循环经济则以尽可能小的资源消耗和环境成本，获得尽可能大的经济效益和社会效益，从而使经济系统与自然生态系统的物质循环过程相互和谐，促进资源永续利用。因此，循环经济是对"大量生产、大量消费、大量废弃"的传统经济模式的根本变革。其有以下基本特征。

① 新的系统观。循环是指在一定系统内的运动过程，循环经济的系统是由人、自然资源和科学技术等要素构成的大系统。

② 新的经济观。循环经济观要求运用生态学规律，不仅要考虑工程承载能力，还要考虑生态承载能力。在生态系统中，经济活动超过资源承载能力的循环是恶性循环，会造成生态系统退化；只有在资源承载能力之内的良性循环，才能使生态系统平衡地发展。

③ 新的价值观。循环经济观在考虑自然时，将其作为人类赖以生存的基础，是需要维持良性循环的生态系统；更重视人与自然和谐相处的能力，促进人的全面发展。

④ 新的生产观。循环经济的生产观念是要充分考虑自然生态系统的承载能力，尽可能地节约自然资源，不断提高自然资源的利用效率，循环使用资源，创造良性的社会财富。在生产过程中，循环经济观要求遵循"3R"原则：资源利用的减量化（Reduce）原则，即在生产的投入端尽可能少地输入自然资源；产品的再使用（Reuse）原则，即尽可能延长产品的使用周期，并在多种场合使用；废弃物的再循环（Recycle）原则，即最大限度地减少废弃物排放，力争做到排放的无害化，实现资源再循环。同时，在生产中还要求尽可能地利用可循环再生的资源替代不可再生资源，如利用太阳能、风能和农家肥等，使生产合理地依托在自然生态循环之上；尽可能地利用高科技，尽可能地以知识投入来替代物质投入，以达到经济、社会与生态的和谐统一，使人类在良好的环境中生产生活，真正全面提高人民生活质量。

⑤ 新的消费观。循环经济观要求走出传统工业经济"拼命生产、拼命消费"的误区，提倡物质的适度消费、层次消费，在消费的同时就考虑到废弃物的资源化，建立循环生产和消费的观念。同时，循环经济观要求通过税收和行政等手段，限制以不可再生资源为原料的一次性产品的生产与消费，如宾馆的一次性用品、餐馆的一次性餐具和豪华包装等。

3. 循环经济发展的技术路线

① 资源的高效利用。依靠科技进步和制度创新，提高资源的利用水平和单位要素的产出率。

② 资源的循环利用。

③ 废弃物的无害化排放。

四、低碳经济

1. 低碳经济的概念

低碳经济（low-carbon economy，LCE）是指一个经济系统只有很少或没有温室气体排出到大气层，或指一个经济系统的碳足迹接近于或等于零。低碳经济可让大气中的温室气体含量稳定在一个适当的水平，避免剧烈的气候改变，减少恶劣气候给人类造成伤害的机会，因为过高的温室气体浓度可能会引致灾难性的全球气候变化，会为人类的将来带来负面影响。

2. 低碳经济的实施方法

发展低碳经济受到不同地理环境、能源结构和环境资源的影响和制约。我国以煤炭为主要能源，因此在发展低碳经济时主要注重以下几个方面。

① 降低煤在国家能源结构中的比例，提高煤炭净化比重。作为最大的能源矿种，煤炭在我国能源消费的主导地位还将持续相当长的时间，因此，大力实施煤炭净化技术及加强相关基础设施的建设将成为我国未来能源消费结构改善的一个基本任务。

② 大力支持节能环保企业。节能减排是举国大事，当然需要全民行动，但是核心环节还在企业，促成变化的主要外因在政府。政府必须从政策、环境、资金等方面，给予强有力的扶持，另一方面企业更需顺应时代要求，围绕节能减排大目标，调适企业行为。例如，这几年在国内日见火爆的建筑玻璃贴膜产品，该产品具有夏季能够阻挡进入屋内高达 76% 的热辐射，冬季可以减少高达 23%～30% 的热量损失，阻隔 99% 以上的紫外线；防止玻璃受外力冲击碎片飞溅伤人；保护室内隐私性，室内看室外很清晰，室外看室内则看不清晰等功能。在美国，建筑玻璃贴膜普及率已经超过 95%，在日本、韩国、英国等发达国家，建筑玻璃贴膜普及率都在 75% 以上，而我国建筑玻璃贴膜普及率目前还不到 10%。

③ 提高能源效率，重点改善城市的能源消费结构和效率。以较少的能源消耗，创造更多的物质财富，不仅对保障能源供给、推进技术进步、提高经济效益有直接影响，而且也是减少二氧化碳排放的重要手段。

④ 充分发挥碳汇潜力。通过土地利用调整和林业措施将大气温室气体储存于生物碳库，也是一种积极有效的途径。改进森林管理，提高单位面积生物产量，扩大造林面积可增加森林的碳汇潜力。研究表明，每增加 1% 的森林覆盖率，便可以从大气中吸收固定 0.6 亿～7.1 亿吨碳。

⑤ 参与国际减排活动，加强国际经济技术合作。碳减排涉及世界各国的切身利益。未来越来越依赖于对于资源的可持续使用和环境技术来进行竞争，同时也不应该低估低碳经济在创造就业机会和经济发展方面的巨大潜力。为了促进全球可持续发展的共同目标，发达国家有义务向发展中国家提供资金援助和技术转让。国际低碳方面的技术交流是发展中国家获取能源新技术的主要途径。我国应积极参与国际能源技术市场和碳交易市场，通过各种激励机制来促进可持续发展，并为低碳技术、低碳产品的出口提供一定的激励措施。

五、生态工业

1. 定义

生态工业（ecological industry）是依据生态经济学原理，以节约资源、清洁生产和废弃物多层次循环利用等为特征，以现代科学技术为依托，运用生态规律、经济规律和系统工程的方法经营和管理的一种综合工业发展模式。它通过两个或两个以上的生产体系或环节之间的系统耦合使物质和能量多级利用、高效产出或持续利用。

2. 生态工业的特征

① 生态工业将工业的经济效益和生态效益并重，从战略上重视环境保护和资源的集约、循环利用，有助于工业的可持续发展。

② 生态工业从经济效益和生态效益兼顾的目标出发，在生态经济系统的共生原理、长链利用原理、价值增值原理和生态经济系统的耐受性原理指导下，对资源进行合理开采，使各种工矿企业相互依存，形成共生的网状生态工业链，达到资源的集约利用和循环使用。

③ 生态工业系统是一个开放性的系统，其中的人流、物流、价值流、信息流和能量流在整个工业生态经济系统中合理流动和转换增值，这要求合理的产业结构和产业布局，以与其所处的生态系统和自然结构相适应，以符合生态经济系统的耐受性原理。

④ 生态工业从环保的角度遵循生态系统的耐受性原理而尽量减少废弃物的排放，充分利用共生原理和长链利用原理，改过去的"原料-产品-废料"的生产模式为"原料-产品-废料-原料"的模式，最大限度地开发和利用资源，既获得了价值增值，又保护了环境。

3. 生态工业园

生态工业园（eco-industry park）是建立在一块固定地域上的由制造企业和服务企业形成的企业社区。在该社区内，各成员单位通过共同管理环境事宜和经济事宜来获取更大的环境效益、经济效益和社会效益。整个企业社区能获得比单个企业通过个体行为的最优化所能获得的效益之和更大的效益。

生态工业园的目标是在最小化参与企业的环境影响的同时提高其经济效益。这类方法包括对园区内的基础设施和园区企业（新加入企业和原有经过改造的企业）的绿色设计、清洁生产、污染预防、能源有效使用及企业内部合作。生态工业园也要为附近的社区寻求利益以确保发展的最终结果是积极的。比较成功的生态工业园的例子是丹麦卡伦堡（Kalunborg）共生体系，卡伦堡已成为区域不同产业之间链接起来的模板。

我国工业生态园有以下两种比较成功的范例。

① 南海国家生态工业建设示范园区。这是中国第一个全新规划、实体与虚拟结合的生态工业示范园区，包括核心区的环保科技产业园区和虚拟生态工业园区。其主导产业定位为高新技术环保产业，包括环境科学咨询服务、环保设备与材料制造、绿色产品生产、资源再生4个主导产业群。该园区以循环经济和生态工业为指导理念，以环保产业为主导产业，将制造业、加工业等传统产业纳入生态工业链体系。重点培育设备加工、塑料生产、建筑陶瓷、铝型材和绿色板材5个主导产业生态群落。生态工业系统类似于自然生态系统，12个企业组成一个生产-消费-分解-闭合的循环。

② 广西贵港国家生态工业（制糖）示范园区。这是中国第一个循环经济试点。该园区以上市公司贵糖（集团）股份有限公司为核心，以蔗田系统、制糖系统、酒精系统、造纸系统、热电联产系统、环境综合处理系统为框架建设生态工业（制糖）示范园区。该示范园区的6个系统分别有产品产出，各系统之间通过中间产品和废弃物的相互交换而相互衔接，形

成一个较完整和闭合的生态工业网络。园区内资源得到最佳配置，废弃物得到有效利用，环境污染减少到最低水平。园区内主要生态链有两条：一是甘蔗→制糖→废糖蜜→制酒精→酒精废液制复合肥→回到蔗田；二是甘蔗→制糖→蔗渣造纸→制浆黑液碱回收；此外还有制糖业（有机糖）→低聚果糖；制糖滤泥→水泥等较小的生态链。这些生态链相互间构成横向耦合关系，并在一定程度上形成网状结构。物流中没有废物概念，只有资源概念，各环节实现了充分的资源共享，变污染负效益为资源正效益。

复习思考题

1. 可持续发展的概念是什么？
2. 可持续发展的内涵是什么？
3. 可持续发展的基本原则有哪些？
4. 怎样才能实现可持续发展？
5. 清洁生产的概念，清洁生产具体的内容有哪些？
6. 什么是绿色产品？
7. 循环经济的概念及基本特征是什么？
8. 低碳经济的概念及实施方法是什么？
9. 什么是生态工业和生态园？

阅读材料

10-1　优化能源结构，高效发展核电

优化能源结构、发展新能源产业是我国"十二五"规划纲要提出的重要任务，其中包括高效发展核电。据资料，1kg核燃料铀-235裂变释放的能量相当于2700t标准煤燃烧释放的能量；与风电、太阳能等新能源相比，核电基本不受风、阳光等自然条件的影响；核电站不排放有害气体和烟尘，其一年产生的二氧化碳，是同等规模火电站排放量的1.6%；我国目前已建成13台核电机组，电价普遍低于当地标杆电价；2010年，全球发电总量中核电占16%，我国发电总量中核电占2%。据预测，到2015年，我国社会用电量将达6.27万亿千瓦时，年均增长率约为8.5%。

安全是核电发展的前提和最高原则。从三里岛和切尔诺贝利核事故的伤痛，到日本福岛核泄漏的阴霾，一次次引发全球对核电安全的高度关注和重视。各国依据核电发展的客观规律和特殊要求，不断反思核电安全标准，检查核电安全建设，完善核电安全措施与技术体系，以推动核电安全日臻完善。

10-2　与环境保护有关的纪念

2月2日　世界湿地日（World Wetlands Day）

3月12日　中国植树节

3月21日　世界林业日（World Forest Day）

3月22日　世界水日（World Water Day）

3月23日　世界气象日（World Meteorological Day）

4 月 7 日　世界卫生日（World Heath Day）

4 月 22 日　地球日（Earth Day）

5 月 22 日　国际生物多样性日（International Day for Biological Diversity）

5 月 31 日　世界无烟日（World No-Tobacco Day）

4 月～5 月初的一个星期　爱鸟周

6 月 5 日　世界环境日（World Environment Day）

6 月 17 日　世界防治荒漠化与干旱日（the World Day to Combat Desertification and Drought）

6 月 25 日　中国土地日

6 月 26 日　国际禁毒日（International Day Against Drug Abuse and Illicit Trafficking）

7 月 11 日　世界人口日（World Population Day）

7 月 18 日　世界海洋日（World Maritime Day）

9 月 16 日　国际保护臭氧层日（International Day for the Preservation of the Ozone）

9 月 27 日　世界旅游日（World Tourism Day）

10 月 4 日　世界动物日（World Animal Day）

10 月 7 日　国际住房日（World Habitat Day）

10 月 14 日　国际标准日（International Standard Day）

10 月 16 日　世界粮食日（World Food Day）

10 月 17 日　国际消除贫困日（International Day for the Eradication of Poverty）

12 月 1 日　国际艾滋病日（World AIDS Day）

参考文献

[1] 杨凌. 可持续发展指标体系综述 [J]. 统计与决策，2007.05.
[2] 钱易. 环境保护与可持续发展 [M]. 北京：高等教育出版社，2000.
[3] 曲格平. 能源环境与可持续发展研究 [M]. 北京：中国环境科学出版社，2003.
[4] 尹武军. 资源、环境与可持续发展 [M]. 北京：海洋出版社，2001
[5] 王新，沈新军. 资源与环境保护概论 [M]. 北京：化学工业出版社，2009.